国家重点基础研究发展计划项目
（No. 2015CB057903，No. 2010CB732005）资助

工程岩体微震机制及其应用

张伯虎　邓建辉　著

科 学 出 版 社

北 京

内 容 简 介

本书结合工程实际，全面分析和论述工程岩体微震机制、信号规律、频谱特征、微震监测实施与洞室围岩稳定性评价方法。全书共8章，分别介绍了微震机制的研究意义、现状和趋势，岩体损伤与震动规律、岩石声发射释放与信号分析、微震波场特征与震源反演、微震监测工程实施与微震活动规律，以及地下工程微震监测的安全评价技术研究。

本书可供水电、矿山、隧道、岩土、石油、地质等相关工程领域的广大科技人员、工程技术人员和大专院校师生参考。

图书在版编目(CIP)数据

工程岩体微震机制及其应用/张伯虎，邓建辉著. —北京：科学出版社，2015.12

ISBN 978-7-03-046889-5

Ⅰ.①工⋯ Ⅱ.①张⋯ ②邓⋯ Ⅲ.①地下工程–抗震结构–结构稳定性–研究 Ⅳ.①TU94

中国版本图书馆 CIP 数据核字（2015）第 308145 号

责任编辑：杨 岭 罗 莉/责任校对：邓利娜 陈 杰
责任印制：余少力/封面设计：墨创文化

科学出版社 出版
北京东黄城根北街 16 号
邮政编码：100717
http://www.sciencep.com
四川煤田地质制图印刷厂 印刷
科学出版社发行 各地新华书店经销

*

2016 年 12 月第 一 版 开本：B5（720 × 1000）
2016 年 12 月第二次印刷 印张：9
字数：181 440

定价：69.00 元
（如有印装质量问题，我社负责调换）

序

　　近年来，我国的深部岩石工程发展迅速。锦屏二级引水隧洞最大埋深达到 2525m，金属矿开采深度超过 4350m，油气资源开采深度达 7500m。深部岩石工程常孕育重大灾害事故，难以有效预测与防治，一方面说明深部岩体可能存在着完全异于浅部的力学本构关系与行为，另一方面说明目前岩石力学理论发展已滞后于人类岩土工程实践活动，难以进行有效、科学的指导。在这种背景下，加强施工期监测对预测和防治重大工程灾害有很大的指导作用。

　　微震监测是通过监测岩体破裂所产生的震动信号，分析岩体的损伤或破坏状况，进而评价工程岩体稳定性的技术。跟传统的以数学和力学为基础的岩体稳定性方法相比，微震监测技术为研究和评价岩体的工程稳定性开创了一条新的路径。在实际工程应用中，微震监测技术直接监测由点到面、再到区域性的渐进性破坏过程，较之于以监测现场选定位置的应力和位移变形的传统监测技术，能够更早、更全面地监测到岩体中正在发生的损伤和渐进性破坏过程，能够更快地给出岩体的失稳预警，从而使决策者有更多的时间做出应对措施。

　　结合国家重点基础研究发展规划项目（973 项目），张伯虎和邓建辉等自2007 年开始研究与应用微震的相关理论与技术,《工程岩体微震机制及其应用》一书是阶段研究成果的总结。主要内容包括岩石破坏中微震释放的理论与实验、岩体在应力扰动下的裂缝孕育规律与微震波特征、岩石洞室微震监测与震源反馈技术、基于微震监测技术的洞室稳定评价技术等，集中反映了作者对该技术的最新见解。微震监测技术的专著很少，该书的出版有望填补该方面的空白，可供有志从事微震技术研究与应用的科研和工程技术人员参考。

　　很高兴为该书作序，希望作者继续探索与创新，取得更丰硕的科研成果。

中国工程院院士
四川大学校长

前　　言

随着地下空间开发和矿产资源开采力度的不断加大，工程灾害事故频发，因此，开展灾害孕育机理研究迫在眉睫。作为对工程岩体应力扰动产生的微破裂进行监测的重要方法，微震监测理论和技术得到了快速发展，同时也对岩体破裂与微震机理的相关性研究提出了挑战。

本书以岩石工程微震监测为背景，在传统的地震学和微震学的基础上，结合声发射实验和微震监测实施项目，较为系统地分析了工程岩体微震机制及其信号特征。本书从理论上探讨了岩石破坏过程中的微震波释放规律，获得微震振动位移变化及频谱特征；进行了不同应力作用下岩块声发射试验，获得岩块的非线性损伤演化规律，并分析了不同频谱特征、震源定位与受力方式的关系；对微震监测信号的频率、时频、能量特征进行分析，将微震数据所反映的震源信息进行反演，获取震源断层方位和矩张量分布，分析微震波和震源力之间的关系；从分形角度研究岩体损伤发展过程，得到工程岩体应力累积、释放和调整过程中的微震信号规律；最后从工程角度设计了微震监测实施方案，提出了基于微震监测的地下工程安全评价方法。这些研究成果对于微震机理的研究具有重要的理论意义和工程价值，对从事相关生产和研究工作的同行们有所帮助。

本书是在国家重点基础研究发展计划项目"深部重大工程灾害的孕育演化机制与动态调控理论"和"地震荷载作用下工程岩体动力特性与破坏机理"的资助下研究成果的总结和提炼，同时也是国电大渡河大岗山水电开发有限公司项目"大岗山水电站地下厂房微震监测"项目研究基础上的拓展和深化。

本书的完成和出版，得到了项目合作单位国电大渡河大岗山水电开发有限公司吴思浩副总经理（教授级高工）、吴吉昌副总经理（教授级高工）、肖平处长、李桂林处长、赵连锐副处长以及四川大学刘建峰副教授、高明忠副教授等的大力支持与通力合作；项目及专著成果受到中国工程院谢和平院士、西南石油大学赵金洲教授和刘建军教授的高度关注与支持；本书出版得到科学出版社的热忱关注与悉心合作，一并致以诚挚的谢意。此外，书中参考了大量文献资料，难以一一列出，在此向原作者表示感谢。

由于工程岩体微震机理涉及断裂力学、岩体力学、数理方程和地质学等学科理论与方法，同时又是地下岩石工程安全领域的重要课题，因此有待于业内学者深入研究和探讨。书中难免存在不足，在此敬请同行专家、读者批评指正。

作　者

2015 年 9 月于成都

目　　录

序

前言

第1章　绪论 …………………………………………………………… 1

　1.1　问题的提出 ……………………………………………………… 1

　　1.1.1　微震及微震监测 …………………………………………… 1

　　1.1.2　问题的提出 ………………………………………………… 3

　1.2　国内外研究现状 ………………………………………………… 4

　　1.2.1　微震震源机制研究现状 …………………………………… 4

　　1.2.2　微震机制的试验研究现状 ………………………………… 6

　　1.2.3　微震波场识别与特征研究现状 …………………………… 7

　1.3　本书研究的主要内容 …………………………………………… 8

第2章　微震研究的地震学基础 ……………………………………… 10

　2.1　地震震源模型 …………………………………………………… 10

　　2.1.1　点源模型 …………………………………………………… 10

　　2.1.2　非点源模型 ………………………………………………… 12

　2.2　地震波位移公式 ………………………………………………… 13

　　2.2.1　集中点源引起的地震波位移 ……………………………… 13

　　2.2.2　偶极震源产生的地震波位移 ……………………………… 14

　　2.2.3　有限移动源产生的地震波位移 …………………………… 17

　2.3　震源参数研究 …………………………………………………… 18

第3章　微震震源及波场研究方法 …………………………………… 21

　3.1　微震震源机制 …………………………………………………… 21

　　3.1.1　矿山微震震源机制 ………………………………………… 21

　　3.1.2　水电工程诱发微震机制 …………………………………… 22

　　3.1.3　油气开采诱发微震机制 …………………………………… 24

　3.2　微震波场辐射特征 ……………………………………………… 25

　　3.2.1　微震面波 …………………………………………………… 25

　　3.2.2　微震球面波 ………………………………………………… 26

　　3.2.3　微震波的数学物理实质 …………………………………… 27

　　3.3　微震震源及波场分析方法 ··· 28
　　　　3.3.1　微震震源的声发射实验方法 ····································· 28
　　　　3.3.2　微震波场时频分析方法 ··· 30
第 4 章　岩石损伤破裂及微震波释放 ··· 33
　　4.1　岩石单轴拉伸受力纵波释放规律 ······································ 33
　　4.2　岩石纯剪切受力横波释放机制 ·· 35
　　4.3　岩石自振动频率分析 ··· 38
　　4.4　本章小结 ··· 40
第 5 章　基于声发射试验的微震波场研究 ······································ 42
　　5.1　岩石声发射特性 ··· 42
　　　　5.1.1　声发射试验设计 ·· 42
　　　　5.1.2　岩石强度与变形特征 ·· 44
　　　　5.1.3　岩石声发射事件分布 ·· 47
　　　　5.1.4　岩石声发射频度分析 ·· 50
　　5.2　岩石声发射波的时频特征 ·· 55
　　　　5.2.1　拉伸条件下声发射波的时频分析 ······························ 55
　　　　5.2.2　单轴压缩条件下声发射波的时频分析 ······················· 59
　　　　5.2.3　不同应力下声发射波频率谱的异同 ·························· 62
　　5.3　岩石声发射源与分形特征 ·· 63
　　　　5.3.1　岩石声发射源分布 ··· 63
　　　　5.3.2　岩石声发射的分形特征 ··· 66
　　5.4　本章小结 ··· 67
第 6 章　基于微震监测的波场特征及震源反演 ······························· 69
　　6.1　微震监测信号的识别与去噪 ··· 69
　　　　6.1.1　监测信号的组成 ·· 69
　　　　6.1.2　微震波场的识别 ·· 70
　　　　6.1.3　微震信号的去噪 ·· 73
　　6.2　微震信号的谱分析 ·· 77
　　　　6.2.1　信号的频率谱分析 ··· 77
　　　　6.2.2　信号的时频谱分析 ··· 78
　　　　6.2.3　信号的能量谱特征 ··· 80
　　6.3　微震信号传递的震源信息反演 ·· 84
　　　　6.3.1　微震震源机制分析方法 ··· 84
　　　　6.3.2　震源反演与断层面解 ·· 85

　　6.4　本章小结 ··· 87

第 7 章　微震监测实施与微震活动规律研究 ····················· 89

　　7.1　微震监测系统的布置与优化 ································· 89

　　　　7.1.1　工程地质概况 ·· 89

　　　　7.1.2　微震监测目的与区域选择 ··························· 90

　　　　7.1.3　微震监测系统布置与优化设计 ····················· 91

　　7.2　微震活动时空演化及其分形特征 ························· 95

　　　　7.2.1　微震活动的时空分布规律 ··························· 95

　　　　7.2.2　微震活动的时间分形特征 ··························· 98

　　　　7.2.3　微震活动的空间分形分析 ··························· 99

　　7.3　本章小结 ·· 103

第 8 章　基于微震监测的地下厂房安全评价技术 ············· 104

　　8.1　基于微震参数的安全评价方法 ························· 104

　　　　8.1.1　岩体稳定性的时空与震级分布评价方法 ········· 104

　　　　8.1.2　岩体稳定性的震源参数评价方法 ················· 105

　　8.2　基于控制断层微震分析的评价方法 ··················· 109

　　　　8.2.1　岩脉断层微震研究模型 ···························· 109

　　　　8.2.2　断层面微震分布规律 ······························ 109

　　　　8.2.3　断层对边墙的影响分析 ···························· 112

　　8.3　基于微震影响因素的评价方法 ························· 113

　　　　8.3.1　微震活动与施工爆破 ······························ 113

　　　　8.3.2　微震活动与施工顺序 ······························ 113

　　　　8.3.3　微震分布与支护时间 ······························ 114

　　8.4　地下厂房微震预测方法与安全评价 ··················· 115

　　　　8.4.1　地下厂房微震震级预测 ···························· 115

　　　　8.4.2　地下厂房微震监测安全评价体系 ················· 117

　　8.5　本章小结 ·· 119

第 9 章　主要结论及建议 ··· 121

　　9.1　主要结论 ·· 121

　　9.2　进一步研究建议 ·· 124

参考文献 ··· 125

第1章 绪 论

1.1 问题的提出

1.1.1 微震及微震监测

地下工程开挖扰动使围岩应力重新分布，可能在岩石薄弱处产生裂纹，裂纹内部蓄积的能量将以微震波的方式释放，从而产生微震事件，如图1.1所示。微震波的相位、幅值和走时变化反映了岩石的破裂面及其内部塑性流动信息，通过监测微震事件及微震波场，可以得到微震事件的时空分布规律以及能量、震级、应力降等震源参数，从而对监测范围内的岩体进行稳定性评估和预测。随着数据采集及分析处理能力的增强，可结合微震波来解释岩石的力学性质、多孔性质、含水层饱和度以及孔隙流动等因素（这些因素对岩石的微震特性、微震波等有明显影响）。引入现代计算机和通信技术后，微震技术取得了突破性进展，可以借助相关软件，在三维空间中实时确定岩体微震事件的位置和能量，从而快速地对岩体非线性破坏区域的范围和稳定性发展趋势作出定性与定量评价。

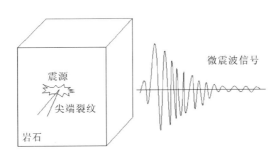

图 1.1 岩石破裂及其微震信号的产生

微震波动理论归属于地震学研究的范畴，但与地震学有一定的区别。天然地震震级关注的范围大于 3 级（里氏震级），而工程岩体破坏诱发的微震震级往往在 3 级以下，如图 1.2 所示[1]。先进的微震传感器甚至可以接收到−3 级的岩体微震活动。

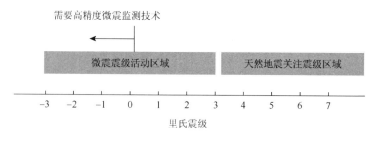

图 1.2　微震监测的震级范围

　　震级、震源大小以及震源定位精度的关系[1]见表 1.1。从表中可以看出，震级为−2 级的微震可以引起 2~4m 长的岩体裂纹，如果工程中有大量这样的裂纹出现，则可能引起局部岩体的失稳或塌方现象。目前，微震的定位精度还不高，主要是因为岩体断层裂隙的发育和岩体复杂的赋存环境。不过对于工程问题来说，这样的定位精度已基本满足要求。因此，微震监测作为能够判断地下空间潜在危险区的技术而被广泛应用。

表 1.1　微震监测的精度

最小震级/级	1	0.5	0	−0.5	−1	−1.5	−2
震源尺寸/m	65~100	35~64	20~35	12~20	6~12	4~6	2~4
定位精度/m	100	75	40	20	15	10	5

　　微震信号包含了大量关于岩体变形破坏以及岩体裂纹活动的信息，因此可以对微震事件进行监测，获得微震事件发生的时间和空间位置，对微震波场特征进行分析，从而反馈出震源点的受力模式，并对岩体破坏程度进行预测、预报。

　　微震监测技术主要包含以下方面的内容：①获得反映岩石破裂和错动的微震波信息；②对微震波信息进行分析处理，确定微震事件发生的位置、数量及能量等信息；③解释微地震波信息在岩体稳定性评价中的意义。

较之于传统的以数学和力学为基础的岩体稳定性分析方法，定量微震学和微震监测技术为研究和评价岩体的工程稳定性问题开辟了一条新的途径，并在矿山开采、地下洞室以及边坡监测等领域取得了重要进展。微震监测技术最早于 20 世纪初应用在德国[2-4]矿山中实施的地震监测系统，随后在南非[5, 6]、波兰[7]、美国[8, 9]、加拿大[10, 11]和澳大利亚[12, 13]等国快速发展，到 21 世纪初已经广泛应用于采矿行业之外的领域，如核能、地下油气储存库和地下隧道等。我国从 20 世纪 50 年代开始研究微震仪器，并逐步在门头沟煤矿[14]、兴隆煤矿[15]、凡口铅锌矿[16]和冬瓜山铜矿[17, 18]等矿山实施微震监测。同时，微震监测系统也大量运用于非矿山行业，如汕头液化气库[19]、锦屏二级水电站引水隧洞[20, 21]、锦屏一级水电站边坡[22, 23]、大岗山水电站地下厂房[24-26]和右岸边坡[27]等。微震监测技术作为一种先进的实时动态监测技术，在地下工程防灾减灾以及安全监测方面有很好的应用前景。

1.1.2 问题的提出

随着矿山开采深度的增加和开采条件趋于复杂，以及越来越多的水利水电、交通、国防和基础物理实验等工程在我国强烈构造活动区兴建，导致高强度岩爆、大体积塌方和诱发地震等事故频发，工程灾害严重威胁着施工人员生命和国家财产安全，因此，开展灾害孕育机理的研究迫在眉睫。深埋洞室在施工过程中诱发微地震的孕灾机理和预测防治是国内外学术界面临的重大课题。深埋洞室开挖扰动引起应力调整，导致围岩微震产生，最终可能演变成动力灾害。由于微震发生的机理较为复杂，目前研究尚未达到机理清晰、规律明确的程度。因此，研究工程岩体微震孕育机理，建立起微震波辐射的理论模型，不仅有利于揭示深部开挖诱发导致的围岩失稳变形特征，获取灾害演变的力学机制，而且对丰富深埋洞室灾害预警和控制理论有重要的意义。

目前对微震监测技术的研究，主要集中在震源机制、震源定位、微震信号识别与去噪等方面，但由于深部环境复杂，微震波释放和传播受到应力条件、施工方法、地质条件和岩性特征等因素的影响，很难建立起统一的微震机制理论。微震机制理论研究主要采用地震学理论，但地震学所研究的区域尺度远大于微震所关心的工程尺度，微震波的传播也仅属于近震研究范围。目前对于微震波场特征和传播规律的研究很难形成较为统一的认识，所以开展微震释放机制的分析研究十分必要。

1.2　国内外研究现状

1.2.1　微震震源机制研究现状

1. 微震震源机制

微震是指局部范围内岩石由于某种诱发原因在裂纹开展时以地震波形式产生的振动，震源机制是指微震发生的物理力学过程。通过对震源机制进行研究，可以深入分析发震的内外诱因和岩体破裂机理，对于地下工程防震减灾具有重要的作用[28]。微震震源机制的研究是理论上的一个难点，也是一个热点。

国外对震源机制有过长期的研究，但很多是将地震学的理论直接应用于微震学中[29]。微震震源机制理论模型主要集中在以下方面。①断层模型：Reid提出的弹性回跳学说[30]和Aki提出的震源位错理论[31]认为微震是由断层的错动和回弹引发的，很多大矿震研究证实了微震是由岩体内断层面的剪切破裂引起的[32, 33]，只有部分采矿工作面的小地震事件不是剪切破裂[34]。②扩容模型[35-38]：当岩体进入非稳定破裂发展阶段时，其体积将由压缩转为扩容，由此产生张拉裂隙并释放出应力波。③力偶模型：包括中野广、本多弘吉分别提出的单力偶和双力偶系以及后来提出的非双力偶模型[39]。双力偶模型反映震源处的剪切破裂，而非双力偶模型则反映震源处的张破裂和内爆型破裂机制，还能反映震源处某方向上多个双力偶的叠加效应[40]。

国内对微震机制的研究不多，而且主要集中在矿震上。张少泉[4]、李庶林等[41]总结了国内外的剪切滑移模型、包体模型、扩容模型、位错模型及凹凸体与障碍体模型等矿山震源机制。国内的相关研究表明，微震主要是由开采扰动[42, 43]、地壳变形[44]以及冲击地压[45-47]等因素导致的，微震的孕育与应力、变形、开挖扰动和岩体性能等有较强的线性或非线性理论关系。微震机制研究的理论成果被应用于煤矿、金属矿山、石油开采等行业的灾害防治中[48-51]。在水电行业，微震监测技术主要应用于水工隧洞[52, 53]、水电边坡[22, 23, 27]和水电地下厂房[24-26]中。

2. 微震波场辐射机制

研究微震辐射位移场的常规方法是采用弹性介质理论，通过运动方程来描述岩体内质点的运动，获得由体积改变和形状改变所形成的 P 波和 S 波传播方程。1923 年，中野广研究了集中力系点源力学模式，获得了 P 波和 S 波的辐射花样，把地震波的分析过程变为对由一集中力激发的介质的弹性波动方程的求解过程。Knopoff 和 Burridge 论证了远场集中力系中双力偶点源与剪切位错点源的等价性，从而使地震位错理论有了物理基础。因此，断层面上各种位错分布的震源模型辐射地震波的研究得以广泛开展[31]。

1970 年 Gilbert[54]提出的矩张量概念将震源位移辐射引入明确和统一的研究方向上，从而带动了震源研究的热潮[55-58]。将震源用统一矩张量方法进行分析，就可完整地描述一般点源的等价力问题[31]。震源矩张量在时间 t、点 x 处产生的位移 u_k 可表示为[59]

$$u_k(x,t) = M_{ij} * G_{ki,j} \qquad (1-1)$$

式中，M_{ij} 为矩张量；$G_{ki,j}$ 为震源传播的格林函数。

将矩张量各个力偶分量所产生的位移进行叠加，可获得震源力所产生的位移场。李世愚和陈运泰[60, 61]研究了平面内剪切断层的跨 S 波速破裂。曹安业[45]通过建立不同煤岩震动的点源等价力模型，对采动煤岩冲击破裂模式的震动位移场和能量辐射特征展开系统分析，获得了采用矩张量表达的 P 波、S 波波场函数；并通过现场监测数据，采用矩张量反演方法来分析煤岩的受力状况，由此分析岩体的破坏模式。

1.2.2 微震机制的试验研究现状

微震机制代表了岩石损伤破坏过程中的微震效应。国内外学者对微震损伤和波场的试验研究，主要集中在工程现场的原位试验[62-65]，即建立微震监测系统，对爆破破岩和岩爆释放的震动破坏过程进行研究，从而获取岩体微震破裂机制。除此之外，还可以进行室内试验，如采取动静力荷载破岩获取声发射事件分布规律以及微震波形特征，从本质上研究岩体损伤发展与破裂的机制。

国内主要是从地震学角度进行微震机制试验研究的，包括在地震作用下岩石微破裂的演化过程以及地震破裂成核的过程、岩体微震震源点的时空分布规律与构造应力场及赋存环境等的影响，以及横波分裂对应力场变化的响应等[60]。李世愚等在岩石中预置非穿透性的切口，然后进行声发射实验，获取三维破裂图像和声发射源的分布规律[66, 67]，并研究大理岩破裂过程中微裂纹的发展、演化和集结成核过程[67, 68]。刘力强等[69]利用新型的声发射测量系统来研究 Inada 和 Mayet 两种花岗岩三轴压缩变形过程中微破裂发展的时空分布规律。高原等[70, 71]对大理岩进行了横波分裂观测，发现在岩样临近破坏时剪切波分裂的时间有一定的延迟，延迟抬升规律性不强，纵波在有优势节理的岩石中出现波速各向异性等。赵晋明等[72]通过试验研究了岩石临近破坏前波速的奇异性变化，并发现岩石破裂前瞬间纵波波速会升高至原最大值的两倍。

在微震机制研究中，很多学者采用声发射实验来研究岩体在冲击地压和开挖扰动下的破坏特征和声发射波谱信号。杨永杰等[73, 74]研究了煤岩在单轴压缩、三轴压缩实验中的变形和损伤演化特征，陆菜平等[75-77]研究了煤岩在冲击荷载下微震频谱的演变规律，认为主震信号高频成分多，振幅大，而微震前兆信号主频较低。许晓阳等[78]研究了单轴压缩条件下的微震频谱特征，认为破坏发生前主频带变宽，信号频率丰富。刘建坡等[79, 80]研究了基于声发射实验的大理岩、花岗岩的破坏前兆和声波释放规律，取得了很好的研究成果。丁学龙等[81]研究了煤岩的胀裂破坏性以及微震信号规律,发现煤岩在破坏过程中微震信号不连续,其微震阵发性较为明显,出现前震—主震—后震型或主震—后震型趋势。彭府华等[82]对深埋复杂采空区岩体及上部的絮渣岩体进行了爆破应力波的传播试验,研究了应力波的衰减性能和频谱特性。唐春安等[83]还进行数值试验研究,分析了细观非均匀性对岩石破裂和微震序列类型的影响。

以上声发射实验,绝大部分研究岩石在压缩条件下的破坏特征,实验中岩石破裂时的受力状况较为复杂,无法分辨出每种应力状态下岩石的破坏特征和能量释放规律。因此需要从岩石的纯拉伸、纯剪切等方面来研究,因为岩石在这种单一的受力模式下,破坏特点单一,释放的 P 波或 S 波也可能较单一,这样才能从实验中得出单一受力破坏下的能量释放特征及波谱规律。

1.2.3 微震波场识别与特征研究现状

微震震源在发生变形和损伤破坏过程中,释放出含有一定能量的微震应力波,通过监测获得的应力波信号会反映出岩体内部状态的变化[84]以及岩体的应力状态、破坏特征和变形规律[85]等,同时分析微震波的振幅、频谱和能量特征,可以推测出岩体损伤集聚并引发动力灾害的过程[86]。因此,对微震信号识别和波场特征分析就显得尤为重要,而通过谱分析来研究微震已成为微震信号辨识的标准方法[87, 88]。

微震信号的识别过程,实际上就是对微震 P 波和 S 波到时、波场特征以及信号去噪等的分析过程。Allen[89]和 Sleeman[90]分别提出短时窗与长时窗比值以及 Araic 方法来辨识 P 波的到时。Jurkevics[91]采用时域和偏振分析方法来研究三分量地震数据。Kiyoshi[92]、Anant[93]和 Oonincx[94, 95]等采用小波变换方法来对微地震信号进行模拟、分解和震相识别,从而得到微震首波到时和波场特征。张杰[96]、曹华锋[97]等通过理论、经验和综合分析方法提取微震信号,并对夹杂在微震监测信号中的噪声进行分类。通过偏振分析[98]、小波变换[99-103]、奇异波分离[104]、射线追踪法[105]、跟踪分量法[106]和分形盒维数[107]等方法来对微震信号进行识别和首波到时分离已取得了大量的研究成果。在信号识别过程中,国内学者还采用小波变换等方法对信号的噪声进行去除研究，从而获得更准确的微震波真实信号[108-114]。

对于微震波场特征分析，常规方法是采用 Fourier 变换、小波变换等方法来研究微震波的波形特征[115]、能量特征[116]和时频特征等[117-119]。杨志国等[115]针对冬瓜山铜矿微震监测信号进行三维波形研究，提出了快速准确处理信号波形的方法。朱权洁等[116]采用小波频带分析法，发现微震波形频率集中在 0～125Hz 的低频带，区别于爆破信号的 375～500Hz 的高频带。对于时频分析，可以采用短时 Fourier 变换、小波变换和 S 变换等方法来进行研究[119]。袁瑞甫等[120]研究了冲击地压微震信号特征，发现冲击地压前震频率在 40～100Hz，而主震信号频率较低，为 20Hz 以下。

由于微震信号的多成分性和波场的复杂性，会加大微震波场的研究难度，本书拟采用小波变换的方法，对微震信号进行识别、去噪以及震源反演，并对声发射/微震数据进行处理分析，得到声发射/微震事件的时空分布规律和微震波波形、能量和时频特征等。

1.3　本书研究的主要内容

（1）从力学角度研究微震波辐射与传播。结合数学物理方程和波传播理论，从力学角度解释在拉应力和剪切应力单独作用下，岩石破坏过程中的微震波释放和振动规律，分析其频谱特征和频率影响因素；总结地球物理方法研究微震震源在不同受力模式下的震动位移变化和辐射花样，获得远场力下的 P 波和 S 波的辐射机制。

（2）从实验角度研究微震机制和波场特征。采集工程岩体并设计声发射实验，分别测试岩石在直接拉伸、间接拉伸和单轴压缩作用下的非线性损伤演化规律，采用时频方法分析声发射的波谱性质，分析不同频谱特征、震源定位和受力方式的关系。

（3）从监测角度研究微震事件分布和微震波场特征。分析工程监测中微震波信号组成、去噪与识别方法，获取原始微震应力波信号，分析其频率谱、时频谱和能量谱的特征，并结合微震震源机制解方法，对微震数据所反映的震源信息进行反演，获取震源断层的方位和矩张量分布，分析微震波和震源力之间的关系。

（4）从分形角度研究微震损伤发展机制。采用关联维数来分析声发射事件的分形特征，采用标度变换法来研究微震事件的时间分形特征，采用盒维数方法来研究微震事件的空间分形特征，从而获取岩体破坏过程前后分形维数的变化特征，以及随着时间的推移其分维数逐步增加或减少的规律，从而分析岩体应力累积、释放和调整的过程。

（5）从工程角度研究微震实施与安全评价方法。设计大岗山水电站地下厂房微震智能监测系统，选择合适监测断面，优化传感器布置；分析微震事件的时空分布规律，指出施工、爆破、断层和支护方式等因素对洞室安全稳定性的影响，提出基于微震监测的水电厂房安全评价体系，便于对地下厂房的潜在危险区进行判别，并进行微震大事件发生时间的预测以及重现概率的计算。

第2章　微震研究的地震学基础

地下深部采矿、大尺度的表面开掘、高坝水库的注水、深部岩石中的流体充注和地下形成的流体运移，以及大规模地下爆破等活动的结果，表现为少震区内产生地震活动和地震区内地震活动的增加。这种类型的地震活动被称为诱发地震，意指工程活动对地质构造区域内应力释放过程的触发作用。为了和天然地震事件有所区别，在矿区或地下开发区域将其称为矿震或微震[28]。

天然地震和矿震之间没有发现本质的区别，而且矿区用于微震监测的方法是直接从天然地震学引用过来的，因此，微震震源分析可以直接使用地震学的研究成果。本章主要引入天然地震学基础理论，来探讨微地震震源机制的相关问题。

2.1　地震震源模型

要研究地震发生的条件、原因及其过程，必须对震源本身的特性，如震源错动方式（震源类型）、发震力的方向和大小、震源体积等问题进行研究。这些与震源成因有关的运动学问题均称为震源机制问题。目前对于构造地震成因，主要基于断层成因的弹性回跳学说，认为地震是弹性应变能的突然释放，这些能量是在断层周围的岩石中长期积累起来的。因此，探讨断层震源的形成过程（如作用在断层面上力的形式，即力学模型）和表征震源运动过程的各类物理参数（如断层面的取向、震源运动的尺度、破裂速度、错动距离以及应力降、地震矩等），就是震源机制问题的具体内容[121]。本节引入文献[121]的相关内容，便于更好地理解地震震源模型。

2.1.1　点源模型

当震源体积的大小远小于地震波的波长时，此震源称为点源，这是震源模型的最简单情况。在远离震源的地方，点源和体源所产生的地震波效果是相同的，因此一般采用点源模型来处理问题。

根据点源作用力的情况，可分为如下两类模型。

（1）集中震源，作用在某一区域上的集中力（单力），这是点源受力最简单的情况。设有一体力 $\vec{K}(x,y,z,t)$（单位质量的力）作用在空间某一区域 Ω 上（如图 2.1 所示），当 $\Omega \to 0$ 时，其合力大小为

$$\lim_{\Omega \to 0} \iiint \rho K(x,y,z,t)\mathrm{d}\Omega = K_0(t) \tag{2-1}$$

合力方向为 $\vec{X} = K_0(t)\vec{i}$（$\vec{i}$ 为 x 方向的单位向量）。此力 $\vec{X}$ 称为作用在点（x_0,y_0,z_0）的集中力（单力）。ρ 为点源材料的密度。由此类单力的作用而形成的点源称为集中震源。

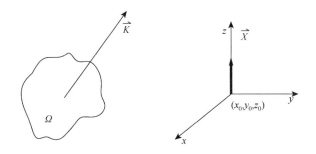

图 2.1　集中震源受单力作用的示意图

若在区域 Ω 的范围内 K 值变化不大，则有

$$\iiint_{\Omega} \rho K(x,y,z,t)\mathrm{d}\Omega = \rho \bar{K}(t)\Omega \tag{2-2}$$

式中，$\bar{K}(t)$ 是 Ω 内函数 K 的平均值。这样形成的震源可近似称为集中震源。

（2）偶极震源，双力（一对单力）同时作用于区域 Ω。若有单力 $\vec{X} = \dfrac{K_0(t)}{\Delta y}\vec{i}$（或 $+\vec{X}$）作用在点（x_0,y_0,z_0）上，而单力 $\vec{X} = -\dfrac{K_0(t)}{\Delta y}\vec{i}$（或 $-\vec{X}$）作用在（$x_0,y_0+\Delta y,z_0$）上，当 $\Delta y \to 0$ 时，此双力形成力矩 $M(t) = \lim_{\Delta y \to 0} \dfrac{K_0(t)}{\mathrm{d}y}\mathrm{d}y = K_0(t)$，由这样一对力形成的震源称为有矩偶极震源，如图 2.2 所示，若此两单力同时作用在 x 轴上，则在极限情况下（$\Delta z \to 0$）形成无矩偶极震源，如图 2.3 所示。

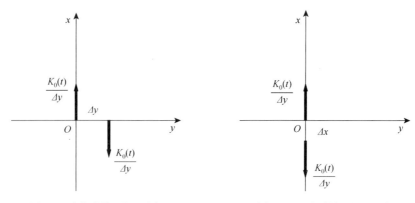

图 2.2　有矩偶极震源受力　　　　　　图 2.3　无矩偶极震源受力

偶极源又称为二级源，也是点源的基本情况，相当于断层两翼发生相对错动的地质情况。如图 2.4 所示偶极源的简单叠加可形成双偶极源（a）及膨胀中心（b）、旋转中心（c）等震源类型。

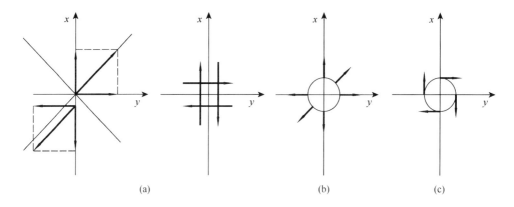

(a)　　　　　　　　　　　(b)　　　　　　　　　　(c)

图 2.4　偶极震源叠加合成的震源类型

2.1.2　非点源模型

非点源模型包含移动源及位错源等模型。点源沿一定方向以有限速度移动就形成有限移动源，如图 2.5 所示。位错源模型假定由断层面两边的岩石发生相对的突然错动（位错）而形成震源，如图 2.6 所示。位错的过程也就是震源区应变能的释放过程。

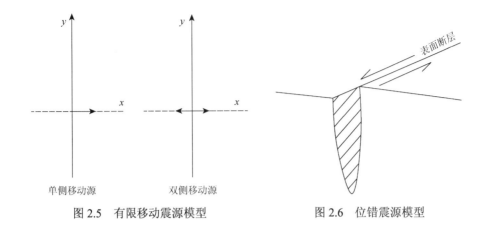

图 2.5　有限移动震源模型　　　　图 2.6　位错震源模型

2.2　地震波位移公式

地震震源是封闭的区域，内部为非弹性变形，外部只有地震波传播。如果是在距震源较远的地方（如大于几个波长），则可将该波源的区域处理为点。对于地震点源，一般认为受单力、双力和双力偶等力的作用。本节引入文献[121]中部分内容，分析地震波振动位移。

2.2.1　集中点源引起的地震波位移

如图 2.7 所示，在无限的弹性介质中，作用在震源区 Ω 上的外力为

$$\vec{X} = X'(x,y,z)e^{i\omega t}\vec{i} \tag{2-3}$$

由此引起的地震波运动方程为

$$\rho\frac{\partial^2 \vec{U}}{\partial t^2} = (\lambda+\mu)\nabla(\nabla\cdot\vec{U}) + \mu\nabla^2\vec{U} + \rho\vec{X} \tag{2-4}$$

式中，λ 和 μ 为 Lame 常数，ρ 为岩体密度。通过引入球坐标系统，经过一系列整理和计算，可以获得在（r，x）平面内有位移：

$$\begin{cases} u_{\mathrm{P}} = \dfrac{X_0}{4\pi\alpha^2\rho r}e^{i\omega(t-\frac{r}{\alpha})}\cos\theta \\[3mm] u_{\mathrm{S}} = \dfrac{-X_0}{4\pi\beta^2\rho r}e^{i\omega(t-\frac{r}{\beta})}\sin\theta \end{cases} \tag{2-5}$$

式中，u_{P} 和 u_{S} 分别表示沿 r 方向的位移和垂直于 r 方向的位移，如图 2.7 所示

垂直于（r，x）平面内的 S 波位移为

$$u_{\mathrm{S}} = \frac{X_0(\alpha_x \vec{y} - \beta_x \vec{x})}{4\pi\beta^2 \rho r^2} \mathrm{e}^{\mathrm{i}\omega(t - \frac{r}{\beta})} \tag{2-6}$$

式中，α、β 分别表示 P 波和 S 波的波速，其中 $\alpha = \sqrt{\dfrac{\lambda + 2\mu}{\rho}}$，$\beta = \sqrt{\dfrac{u}{\rho}}$。

式（2-5）为集中点源引起的地震位移公式，从以上式中可以看出：

①在均匀、各向同性的无限弹性介质中，由于震源区集中力的作用，在远离震源处的位移振幅与合力 X_0 成正比，而与弹性模量成反比，这与胡克定律相符合；

②当 $x=0$ 时，$u_{\mathrm{P}}=0$，表示 $x=0$ 的平面是纵波的一个节面，在此面的两侧，地震波位移的初动符号相反。

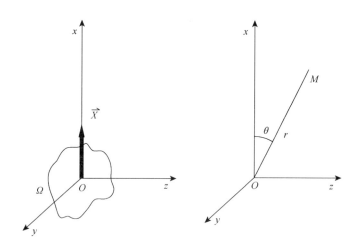

图 2.7　集中点源受力及球坐标系统

2.2.2　偶极震源产生的地震波位移

（1）双力偶点源模型。地震学中最常见的是双力偶模型，如图 2.8 所示[28, 122]。文献[122]讨论了双力偶点源模型中岩石介质的振动位移。

假定岩石介质某点受到沿 x 轴方向的力 $F(t)$ 作用而震动，发出球形辐射波，则位移场 $u(x, y, z)$ 可由下式表示：

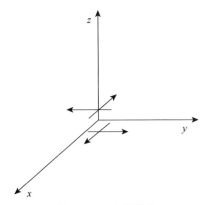

图 2.8　双力偶模型

$$
\begin{cases}
u_x = \dfrac{1}{4\pi\rho}\left[\dfrac{\partial^2\left(\varPhi-\varPsi\right)}{\partial x^2}+\nabla^2\varPsi\right] \\[3mm]
u_y = \dfrac{1}{4\pi\rho}\dfrac{\partial^2\left(\varPhi-\varPsi\right)}{\partial x\partial y} \\[3mm]
u_z = \dfrac{1}{4\pi\rho}\dfrac{\partial^2\left(\varPhi-\varPsi\right)}{\partial x\partial z}
\end{cases}
\tag{2-7}
$$

式中，$\varPhi=\dfrac{1}{r}F\left(t-\dfrac{r}{\alpha}\right)$，$\varPsi=\dfrac{1}{r}F\left(t-\dfrac{r}{\beta}\right)$。

　　用双力偶 $M(t)$ 代替式（2-7）中的 $f(t)$，并考虑地震远场波，略去 $1/r^2$ 和 $1/r^3$，可得球坐标系下纵波和横波传播的位移表达式为[122]

$$
\begin{cases}
u_r = \dfrac{1}{4\pi\rho\alpha r}\cdot M'\left(t-\dfrac{r}{\alpha}\right)\sin^2\theta\sin 2\phi \\[3mm]
u_\theta = \dfrac{1}{4\pi\rho\beta r}\cdot M'\left(t-\dfrac{r}{\beta}\right)\sin\theta\cos\theta\sin 2\phi \\[3mm]
u_\phi = \dfrac{1}{4\pi\rho\beta r}\cdot M'\left(t-\dfrac{r}{\beta}\right)\sin\theta\sin 2\phi
\end{cases}
\tag{2-8}
$$

式中，(r,θ,ϕ) 为球坐标。

　　由上式可见，对于纵波和横波，其位移场是变化的。存在两个相互垂直的平面，即断层的剪切面和垂直于断层面的法向面，在这两个平面上纵波的振幅均为零。纵波的最大振幅在 $\theta=\pm45°$ 时，向外为正，向内为负，而横波却恰好旋转了 45°。双力偶模型的纵横波位移图如图 2.9 所示。

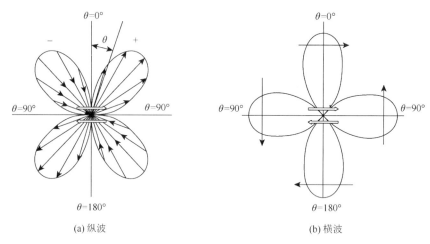

(a) 纵波　　　　　　　　　　　　(b) 横波

图 2.9　双力偶模型纵波与横波振动位移图

（2）无矩力偶点源模型。无矩双力偶点源和双无矩力偶点源远场辐射图案在数学上是完全相同的，均可以看成是大小相同、方向相反的两个力偶的叠加，由此可以得到如下公式[123]。

$$\begin{cases} u_{\mathrm{P}} \approx -\dfrac{1}{4\pi\rho\alpha^3 r}\dfrac{\mathrm{d}m(t)}{\mathrm{d}t}\sin 2\theta\cos\phi\, e_r \\ u_{\mathrm{S}} \approx -\dfrac{1}{4\pi\rho\beta^3 r}\dfrac{\mathrm{d}m(t)}{\mathrm{d}t}\left[\cos 2\theta\cos\phi e_\theta - \cos\theta\sin\phi\, e_\phi\right] \end{cases} \tag{2-9}$$

u_{P} 的辐射强度随波传播方向的分布情况与单力偶时完全一样，若每个单力偶强度均为 M_0，则无矩双力偶的辐射强度为单力偶的 2 倍，这时 u_{S} 在叠加后辐射强度也具有两个对称的节线 $\left(X_1 = \pm X_3\right)$，如图 2.10 所示。

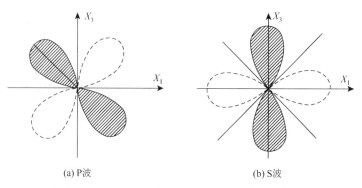

(a) P波　　　　　　　　　　　　(b) S波

图 2.10　由无矩双力偶引起的 P 波和 S 波辐射花样

2.2.3　有限移动源产生的地震波位移

将点源位移场作连续的叠加即可得到有限移动源位移场。以一维有限移动源为例（如图 2.11 所示），从 A 点开始，点源以速度 υ 扩展到 B 点，$AB=L$，S 为观测点，此时位移场由运动的点源位移场叠加而得到。

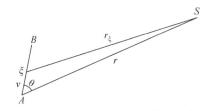

图 2.11　一维有限移动源产生的地震波位移

点源位移场的一般公式为 $\dfrac{A(\omega)}{r}\cdot k(t-\dfrac{r}{c})=\dfrac{A(\omega)}{r}\cdot e^{i\omega(t-\frac{r}{c})}$，那么点源由 A 运动到 B 产生的总位移 u 为

$$u=\frac{A(\omega)}{r}e^{i(\omega t-kr-X)}\frac{\sin X}{X} \tag{2-10}$$

式中，$X=\dfrac{\omega}{2}(\dfrac{L}{\upsilon}-\dfrac{L\cos\theta}{c})$，为点源引起的初动位移辐射因子；$\theta$ 为辐射方向角；$k=\omega/c$，c 为波速。

式（2-10）即一维移动源位移公式，与点源位移公式比较，其振幅和相位均受因子 X 的影响，即由速度 υ、长度 L 和方向因子 θ 所调制。这种效应与断层面参数密切相关，因而可用来判断断层面和求取断层面参数。

有限移动源模型的位移由于受到了调制作用，它们的振幅对于断层面和辅助面表现出不对称性，如图 2.12 所示。可以看出，不论是单侧移动源还是双侧移动源，波的振幅都在破裂传播的方向上放大，而在与破裂传播相反的方向上减小。

单侧移动源　　　　　　　　　　双侧移动源

(a)

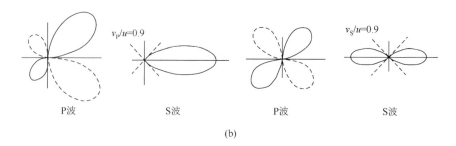

图 2.12 有限移动源模型（a）及其辐射花样（b）

2.3 震源参数研究

工程岩体在施工过程中，会产生弹性变形和非弹性变形，而微震事件就是指一定体积内岩体的瞬间非弹性变形而释放出的微震波。通过对微震波的监测就可以反映出震源处的岩体受力方式和破坏状态。震源机制的定量参数描述是微震事件活动分析的理论基础，通过分析震源机制参数，如震源体变势、能量、地震矩、应力降和视体积等，就可以对地震进行定量描述。

1. 微震体变势

微震体变势代表任何形状岩体的体积，这种体积与震源处的同震非弹性变形有关。标量微震体变势 P 定义为应变改变 $\Delta\varepsilon$ 与源体积 V 的乘积[124]，即有

$$P = \Delta\varepsilon V \tag{2-11}$$

对于平面剪切的震源，微震体变势可以定义为 $P = \bar{u}A$，体变势的单位为 m^3，其中，A 为源面积，$\bar{u}$ 为平均位错。

在震源处，微震体变势是震源时间函数在持续时间上的积分。记录到的点源微震体变势与 P 波或 S 波的位移和远场辐射模式函数 $u_{corr}(t)$ 的积分成正比：

$$P_{P,S} = 4\pi \upsilon_{P,S} r \int_0^{t_s} u_{corr}(t)\mathrm{d}t \tag{2-12}$$

式中，$\upsilon_{P,S}$ 为 P 波或 S 波的波速；r 为到震源的距离；t_s 为震源持续时间，且 $u(0) = 0$ 和 $u(t_s) = 0$。

体变势通常从频域（如记录到的波形中低频位移谱的振幅 Ω_0）来估算：

$$P_{P,S} = 4\pi\upsilon_{P,S} r \frac{\Omega_0}{\Lambda_{P,S}} \tag{2-13}$$

式中，$\Lambda_{P,S}$ 是震源球周围的远场辐射波振幅均方根值的平均值。对于 P 波，可取 $\Lambda_{P,S} = 0.516$，对于 S 波，可取 $\Lambda_{P,S} = 0.632$。

2. 微震能量

岩石在逐渐变形至破裂的过程中，内部弹性变形将逐步转变成非弹性变形，从而释放出相应的能量。这种转换可能发生在不同释放速度的微震事件中，从缓慢释放微震事件到快速动态释放微震事件，点源处的平均变形可以达到每秒几米的速度。与同尺寸的动态源相反，缓慢释放类型的事件持续时间较长，主要释放出低频率的波形。在断裂力学中，破坏速度越慢，辐射的能量越少，而准静态或静态断裂基本不辐射能量。在辐射能量的同时，岩体结构将产生微破裂，并以热能、应力波等方式传播出去[124]。

在时域中，P 波或 S 波辐射能量与远场辐射速度平方和持续时间的积分成比例，即

$$E_{P,S} = \frac{8}{5}\pi\rho\upsilon_{P,S} r^2 \int_0^{t_s} \dot{u}_{corr}^2(t)\mathrm{d}t \tag{2-14}$$

在观测到的微震远场中，P 波和 S 波贡献了全部的辐射能量，即 $E = E_P + E_S$，其值与 P 波和 S 波速度谱的平方成正比。而对于 P 波和 S 波释放的能量，有很多证据证明 P 波辐射能量为 S 波的一小部分，其 E_S/E_P 为 10～30。当然也有德国和加拿大等地下矿山地震的 E_S/E_P 为 1.5～30，有 2/3 的地震事件的比值小于 10。而经常发生在矿区的某些矿山地震，所观测到的 S 波能量损耗可以解释为非双力偶震源机制、P 波辐射能力的增强，以及所表现出的拉张破坏或在拉张方向上的剪切破坏[28]。

3. 地震矩

地震矩 M_0 是根据双力偶位错震源模型参数定义的反映地震强度的一种参数，其公式为[28]

$$M_0 = \mu\bar{u}A \tag{2-15}$$

式中，μ 为震源的剪切模量；$\bar{u}$ 为横跨断层的平均位错；A 为断层面积。对于矿山地震，可以采用时间域或频率域的地震记录来计算，即采用谱参数来测定。地震矩能反映岩体破裂过程中的物理特征，从而推导出断层带的形成过程。通过地震矩所建立的矩震级广泛地应用于地震强度的测定。

4. 视应力与应力降

为了计算微震期间应力释放的大小，一般采用静态应力降、动态应力降和视应力来度量。静态应力降为断层面上初始应力水平与最终应力水平之间的平均差；动态应力降为断层面上的初始应力与运动摩擦水平之间的差值；视应力为微震辐射能量和微震体变势的比值。

对于静态应力降，可采用 Brune 应力降[125]来近似计算：

$$\Delta\sigma = \frac{7}{16}\frac{M_0}{r_0^3} \tag{2-16}$$

该式表达了在剪应力作用下整个环形断层上产生地震滑动的均匀衰减。

对于动态应力降，可以通过地面速度或地面加速度来计算。第一种方法是根据远场速度波形的初始 S 波的速度来计算，第二种方法是通过剪切波的持续时间和平均值的均方根加速度来测定。

对于视应力，可采用微震能量和微震体变势的比值[124]来计算，也可采用辐射能量 E 与地震矩的比值来表示[28]：

$$\sigma_A = \frac{\mu E}{M_0} \tag{2-17}$$

一般来说，视应力正比于动态应力降，但不表示实际的应力差。王林瑛[126]等从理论上推导了以上三种应力降的计算公式，并通过动、静态应力降的差值，讨论了微震产生过程中的最终应力和动摩擦应力间的相对变化。

第3章 微震震源及波场研究方法

3.1 微震震源机制

3.1.1 矿山微震震源机制

在地震学中，弹性回跳学说解释了由断层错动引起的地震。该理论认为某些封闭区域由于变形等原因存储了大量的弹性应变能，当存储能量超过岩石的强度则发生破裂，断层两侧回弹达到新的平衡，释放出相应的能量，形成热或地震波。随后提出的单力偶模型和双力偶模型合理地描述了 P 波和 S 波的辐射花样，与实际观测较为一致，地震波的分析过程变为由一对集中力激发的弹性波动方程的求解过程。而在南非、英国等矿山发生的矿震事件具有非双力偶与双力偶混合的性质，即单纯剪切型、内爆型、张裂型及其混合型，由此建立了"非双/双"的分量比。当引入矩张量[54]后则可以将震源机制进行统一分析，建立震源力系、波场辐射与震动传播的统一方程。

在矿山地震的震源研究中，张少泉[3]等较早总结了较多矿山地震的诱发机制。①根据发生位置可以分为发生在开采面附近或地质不连续面附近的矿震。发生在开采面附近的矿震，主要是由于开挖引起空洞，在岩体（煤）的自重下应力重新分布，引起的附加应力导致岩体破坏，这类矿震与采矿率有关，震源体积较小，微震波的震级较小。发生在地质不连续面附近的矿震，则距掌子面有一定距离，与整个矿区的尺度有关，主要是因为附加应力与构造应力的叠加作用，引起岩层断裂面的滑移，从而产生矿震，此类矿震的震级较大，影响范围取决于断层的滑动范围。以上两种矿震可以分别称为重力性矿震和构造性矿震。②根据矿震成因可将其划分为四类：顶板冒落、顶板开裂、矿柱冲击型和断层活动型。其发生的形式与巷道周围的构造和由开采环境、开采速度等造成的应力调整有关，一般是几类矿震同时发生，因此，发生的机理较为复杂。

李庶林等[41]总结了国内外研究矿山地震机制的研究成果。①剪切滑移模型，认为当潜在破裂面上的剪切应力超过正应力和摩擦内聚力提供的剪切抗力时，就会产生剪切破坏，在不连续面产生剪切滑移，当剪切应力达到一定量值时就可能发生矿震。②包体模型，认为地震震源是嵌在地质体中的球形地质体，这种地质体在剪应力下发生不同的状态变化，当剪应变超过某一值时，包体变形失稳而发生矿震。③扩容模型，认为岩体在高应力作用下内部产生的张性裂隙会导致岩体体积膨胀，当处于非弹性变形阶段，其体积膨胀较为迅速，超过其峰值强度后岩体发生动态破坏。④位错模型，认为矿震的产生是由于工程岩体中的不连续面的缺陷或节理面的滑动造成的，包括线剪切、线拉伸、断层走滑和冲击断层等破坏。目前位错模型应用得较多，因为矿山中的岩体往往是不连续面或存在大量微裂隙和节理面，沿节理面发生错动产生的矿震几率是很大的。⑤凹凸体和障碍体模型，认为断裂面的不均匀性使断层面上的物理性质变化较大，可以阻碍岩体变形，但其凸点顶部会导致应力集中而产生破坏，障碍体破坏产生矿震的原理与凹凸体基本一致。陆振裕[127]重点研究了断层面的矿震，根据微震波信号特征、振幅和加速度等证实了断层面的矿震符合黏滑失稳理论，认为断层面滑动过程中滑移面上的剪应力不断出现急剧增大和减小的过程，表现为滑移面之间的不稳定滑动。

3.1.2　水电工程诱发微震机制

水电工程诱发微震研究的是水库蓄水诱发地震、水电工程施工诱发的洞室或边坡的微地震。

对于水库诱发的微震机制，国内外学者进行了大量研究。夏其发等[128]指出由蓄水引发的构造地震和非构造地震分类不足，并提出了水库地震诱发分为内成成因、外成成因和混合成因。内成成因认为：水库蓄水引发区域应力场或局部应力场发生变化，改变了原有构造的进程，引起水库库区周边发生微震，包括内部断层破裂型和岩矿相变型。外成成因认为：水库蓄水引发外力地质作用，导致外部不良地质作用加剧而诱发岩块的移动或破坏，从而产生微震活动，包括岩溶塌陷、滑坡崩塌、冻裂和地表卸荷等类型。陈厚群等[129]提出了水库诱发地震和触发地震的区别，认为由于蓄水导致孔隙水压力增大，引起局部构造带上的应力释放，使可能存在的地震活动加剧，属于构造地震现象，所激发的微震震级不会超过原有自然状态可能产生的天然地震震级，属于水库蓄水触发地震；而绝大多数水库地震属于非构造地震，是由于水库蓄水本身引发的局部微小地震，与自然地震无关，而且所激发的地震震级很小，属于水库诱发地震。国内很多专家研究了具体水库诱发地震的成因，其中主要研究三峡库区诱发地震。薛军蓉等[130]认为三峡库区的微震发震断裂滑动类型从蓄水前的斜滑型变为蓄水后的倾滑型，地震构造主压应力轴从蓄水前的以水平力和近水平力为主变为蓄水后的以垂直力为主，构造主应力方位则不太集中。陈德基等[131]认为三峡库区记录微震有明显的区域性，主要是由矿山充水塌陷型、盐溶型和库岸边坡岩体变形等诱发的微震，其震级很小。陈蜀俊等[132]认为三峡水库诱发地震成因可分为塌矿、岩溶塌陷、节理层面错动和蓄水诱发等类型。其他专家研究了隔河岩水库[133]、龙羊峡水库[134]和向家坝水库[135]等诱发地震的成因。

对于水电工程施工过程中诱发的微震，研究的学者较少。徐奴文等[22, 23]将微震监测系统布置在锦屏一级水电站左岸边坡进行监测，认为施工过程中边坡应力集中并向大坝拱肩槽转移，从而产生微震，微震事件呈条带状分布。坝顶平台微震的产生是由于施工灌浆导致应力重新分布和天然裂隙断裂带错动变形。徐奴文等[27]认为大岗山水电站高边坡微震的产生是由于边坡高应力集中以及施工导致的应力迁移。陈炳瑞等[136]研究了锦屏二级水电站引水隧洞的岩爆机制以及微震分布规律，主要讨论了施工过程中由应力变化引起的微震集中分布规律。张伯虎等[24-26]研究了大岗山水电站地下厂房区域微震分布规律及其产生原因，研究表明：断层、应力调整和施工过程等因素对微震分布特点有很大的影响。

3.1.3　油气开采诱发微震机制

（1）水力压裂微震监测[137]。水力压裂初期，大量超过地层吸收能力的高压流体被泵入井中，在井底附近形成很高的压力，其值超过岩石周应力与抗张强度之和，产生张性裂缝。随后，带有支撑剂的高压流体挤入裂缝，使裂缝向地层深处延伸，同时使裂缝加高、加宽。裂缝周围岩石的孔隙流体压力不断提高，岩石骨架的有效围应力不断降低，直至岩石骨架抵抗不住所承受的构造压力而产生剪切裂缝。裂缝的生成使岩石里逐渐积累起来的能量以波的形式释放出来，即产生了地震。这种地震波很微弱，故称微震。孔隙流体压力的不断升高，还会使孔隙体积增大，在裂缝周围形成一个膨胀区。这些微震都发生在裂缝周围很窄的区间内。因此，确定了这些微震的震源位置就圈定了水力压裂裂缝的位置，即确定了水力压裂裂缝的空间位置和形状，或者说确定了膨胀区的范围就确定了水力压裂裂缝的位置和形状。

（2）油气开采微震监测[137]。根据各油田实际观测数据，因油气水的采出而使地层应力场发生变化，导致地面沉降并产生断层。发生地震的现象可概括为：地层中孔隙流体被抽出时孔隙流体压力下降（可达数十兆帕）；由于上覆压力，储层被压缩，地层下降；伴随着下沉，沉降中心区发生水平方向的收缩，而翼部发生较小的拉伸，因此在沉降中心区产生逆断层，在翼部产生正断层；这些断层绝大多数出现在储层的上方或下方。逆断层位于储层正上方的如 Wilmington 油田、Buene Vista Hilis 油田和 Pan 盆地的气田等，逆断层位于储层正下方的有 Strachan 油田等，出现正断层的如 Goose Greak 油田等。

在储层内部，因孔隙流体压力明显降低，岩石骨架承受的有效压力明显上升，阻止了在储层里发生的摩擦滑动，因此在储层里很少发生断层。采油、采气诱发的地震虽然通常比水力压裂诱发的微震要强，但相对于炸药机械震源等人工专门激发的地震波来讲依然是很微弱的。正因为微震都发生在油气采出的储层的正上方或正下方，因此，确定微震震源位置即可推断储层中流体运动前缘位置及其他有用信息。对微震震源时空分布特点的研究,可为地下应力场分布提供资料,结合其他资料可确定地层强应变区,有助于钻井、固井设计,减少或避免套管变形或过早被剪断等情况。

(3)热驱微震监测[137]。热驱时要往储层中注入高压蒸汽(或用其他方法)使储层加热,储层岩石受热膨胀而产生裂缝。这样原来岩石中积累起来的能量便以地震波的形式释放出来,即产生了微震。由于微震产生在岩石的加热区,因此,确定了微震震源的空间位置,便确定了加热区的空间范围,从而可对热驱作出合理的调整,以提高效益。

3.2　微震波场辐射特征

工程岩体受到开挖等外界因素的扰动,会在薄弱处发生破裂,产生微震波。根据波传播和质点振动方向的不同,微震波可以分为 P 波和 S 波。P 波的传播方向与质点位移方向相同,即波沿半径向外传播,波阵面成球面状向外扩散,因此称为球面波;S 波的传播方向与质点位移方向垂直,分为 SH 波和 SV 波。对于均匀各向同性的岩体,P 波和 S 波直接传递到地表或地下工程的开挖暴露面;而实际工程岩体有很多的断层或节理面,微震波还可能沿着这些平面传递,或者沿着地面传递,形成微震面波,包括 Rayleigh 面波、Love 面波,以及成层介质中的面波等。在不同介质之间还会形成入射波、折射波和反射波等。对于实际工程,很难获得某种简单波形,一般都是多种波形的叠加或是简单波形的反射、折射等。因此,实际研究工作中,对于微震波形,应适当简化,例如,考虑微震波在各向同性的岩体中传播,当波距离扰动源充分远时,均可以认为是平面波,这种近似对微震学问题来说是很接近的。

3.2.1　微震面波

(1)Rayleigh 面波。在弹性半空间的自由界面附近,由一列不均匀的平面 P 波和一列不均匀的平面 SV 波叠加,形成沿着界面传播的面波,即为 Rayleigh 面波。其在自由表面的质点运动是逆进的椭圆,这个特点能够帮助我们识别

Rayleigh 面波，它在表面垂直方向的位移大约是水平方向位移的 1.5 倍。在实际情况中，Rayleigh 面波是沿着地面以震源为中心向四周扩散的，即呈柱状向外传播，而且在震源附近并不存在，只有当 SV 波以超临界角入射到地表使反射波成为不均匀平面波以后才开始出现。

（2）Love 面波。对于均匀无分层的半空间，P 波和 SV 波叠加形成 Rayleigh 面波。实际中工程岩体可能是多层介质，对于分层介质模型，还可能存在着 SH 波，即 Love 面波。Love 面波会对分层介质中的 Rayleigh 面波造成很大的干扰，因此有必要研究 Love 面波的特征。Love 面波质点震动方向与地表平行且垂直于波的传播方向。理论分析表明，当横波波速较高的半无限空间上覆盖低速层时，这种 SH 面波则可能沿层面传播。

3.2.2 微震球面波

球面波是由点源释放的由中心向四周传播的弹性振动。对于均匀介质而言，球面波是中心对称的。由于波阵面为球面，因此称为球面波[138]。

（1）中心对称条件下波动方程及其通解。以某一点源为坐标原点，空间任一点的位置可以用直角坐标 (x, y, z) 来表示，也可以用球形坐标 (r, θ, ϕ) 来表示。通过力和位移建立其波动方程，并结合微震点源的特点，可以得到任一时刻的波阵面为

$$f(r,t) = \frac{1}{r} f(t - \frac{r}{c}) \qquad (3-1)$$

式中，c 为波传播速度。

由式（3-1）可以看出，应力波向外传播，其能量和振幅将随着传播的距离增加而减小，其能量随着波前面积的增大而衰减，能量大小与 r^2 成反比，振幅大小与 r 成反比。

（2）由胀缩点震源引起的球面波。由于体积膨胀或压缩而产生振动的震源称为胀缩点震源。胀缩点震源会产生一个无旋场，即 P 波波场。在球对称情况下的发散波沿径向传递的位移为

$$u_\mathrm{P} = -\left[\frac{1}{r v_p} f'\left(t - \frac{r}{v_p}\right) + \frac{1}{r^2} f\left(t - \frac{r}{v_p}\right)\right] \tag{3-2}$$

从式（3-2）可以看出，位移场分为两部分，当 r 很小时，式中第二项占主要地位；当传播距离 r 逐渐增大，则式中第一项逐渐增强；若远离震源，即 r 很大时，式中第一项占主要地位。在震源附近，质点位移基本上是重复震源强度变化规律，称为近震源场；远离震源时，质点位移是震源强度函数的导数。这说明了球面波在其传播过程中波形逐渐改变。这是它区别于平面波的又一个特点。

（3）由旋转点震源引起的球面波。设在均匀各向同性介质中有一个以 l 为半径的圆球形空腔，在球面各点作用一个与水平面平行的切向力，它将引起球面整体相对 z 轴旋转，从而激发在介质中传播的横波。在球形空腔外任一点 P，它距球心的距离 $r>l$，则有

$$\|u_\mathrm{S}\| = \left[\frac{1}{r^2} f\left(t - \frac{r}{v_\mathrm{S}}\right) + \frac{1}{r v_\mathrm{S}} f'\left(t - \frac{r}{v_\mathrm{S}}\right)\right] \sin\theta \tag{3-3}$$

采用与胀缩点源类似方法，可以得到 $f(t) = J(t)/\pi^2$，其中 $J(t)$ 为旋转点源模型中通过圆球面的位移矢量 $\bar{u}_\mathrm{s}$ 的通量。$f(t)$ 为旋转点震源强度，是在中心点上一个半径为无限小的圆球面作旋转运动的位移总和。

由式（3-3）也可以看出，在震源附近，$\frac{1}{r^2} \gg \frac{1}{r}$，位移随时间变化规律为重复震源强度的变化规律；远离震源时，$\frac{1}{r} \gg \frac{1}{r^2}$，位移接近于震源函数的导数，即随着传播距离增大，信号的高频成分逐渐丰富。

3.2.3　微震波的数学物理实质

地下岩体在开挖扰动后应力有所调整，局部会急剧变形达到破坏程度，释放微震动波并向四周岩体传播。岩体破坏应力波实质上是一种弹性波，可以采用质点运动微分方程、牛顿定律和胡克定理来研究，以获得传播路径上岩体质点的振动位移和传播规律。

假定工程岩体受单位质量体力 f_i 的作用，在力的作用下内部岩体微单元的

弹性位移场满足波动方程[139-141]：

$$\rho \cdot \ddot{u} = (\lambda + \mu)\nabla(\nabla \cdot u) + \mu\nabla^2 u + \rho f_i \qquad (3\text{-}4)$$

式中，u 为质点位移。

对式（3-4）分别取散度和旋度，并考虑体力为 0，可得

$$\begin{cases} \dfrac{\partial^2 \Phi}{\partial t^2} = \dfrac{\lambda + 2\mu}{\rho}\nabla^2 \Phi \\[3mm] \dfrac{\partial^2 \Psi_i}{\partial t^2} = \dfrac{\mu}{\rho}\nabla^2 \Psi_i \end{cases} \qquad (3\text{-}5)$$

式中，Φ 为标量势函数；Ψ 为矢量势函数。

上式反映的是岩体受力时的体积变形和形状改变变形，分别以两种不同的微震波在岩体中传播。式（3-5）第一项反映的是无旋位移场，质点振动方向与波传播方向一致，反映岩体的涨缩效应，即体积的改变；第二项反映的无散位移场，质点振动方向与波传播方向垂直，反映岩体的畸变效应，即形状改变。以上两个方程是波动方程的两种形式，分别表示传播的纵波和横波，在地震学中，称为 P 波和 S 波，它们的传播速度分别为 α 和 β。对于弹性介质的变形来讲，它们分别表示体积应变和切向应变。上述就是横波和纵波的数学物理实质。

3.3　微震震源及波场分析方法

3.3.1　微震震源的声发射实验方法

1. 微震波与声发射波的关系

声发射波和微震波均是由岩体破坏时能量瞬间释放而产生的，本质上是一种弹性波，具有一定的能量，其释放能量的强度与岩体受力和变形大小有关。从时域角度来看，波形具有瞬时信号的特征；它从有到无是个变化的过程，信号由零达到最大值之后逐渐消失，但是这个过程的速度很快；信号幅值的大小和变化的快慢、波形的几何形貌特征等不仅与材料的性质有关，还与材料局部

区域的物理形态、性质等有关[142]。

一般情况下，声发射波和微震波在岩体中的传播模式有纵波、横波和 Rayleigh 面波等。纵波在传递过程中，质点振动方向与波传播方向一致。横波在传递过程中，质点振动方向与波传播方向相垂直，因其是质点受到周期变化的剪切力产生的波动，所以又叫剪切波。由于气体和液体都不具有剪切弹性，既无承受任何切向应力的能力，又不会产生任何切向应力，所以气体和液体是不能传播横波的。Rayleigh 面波是纵波和横波的组合，介质的质点振动轨迹呈椭圆形。Rayleigh 面波只沿介质表面传播，随着离表面的深度增大而迅速减弱。如果声发射波在薄板中传播，当板的厚度与波长相近时，在一定条件下将产生 Lamb 面波（板波），而板厚度比波长小时则将产生 Love 面波，此时情况就比较复杂了。

来自震源（声源）的声发射波和微震波被传达到传感器之前，在介质材料中的传播过程包含界面的反射、波模式变换和衰减等现象[143]。一个从声源发出非常尖锐的脉冲，经过介质材料传播，波形变钝，到达传感器时可能变成一个非常复杂的波形。因此，声发射波和微震波具有以下典型特征[144]：

①波信号是非周期性的随机信号，产生时机与岩体的瞬间破坏有关；

②波信号的频率范围很宽，可以从数赫兹到数万赫兹；

③波信号的波形和能量差别较大；

④波信号的振幅随着传输的距离衰减较快。

2. 微震监测与声发射实验的关系

岩石为非均匀材料，当受荷大于峰值强度时，岩石内部出现裂纹并逐渐扩展，释放出弹性波，并在岩石中传播、折射和反射，最终到达传感器并被捕获。波信号包含丰富的岩体内部状态变化信息，可以通过室内实验来研究岩石破坏过程和声发射波信号特征，对岩体稳定性做出评价。从工程尺度上可以利用微震监测系统对岩体破坏时释放的应力波进行监测，进而分析工程岩体在应力调整过程中引起岩爆、塌方和冒顶等工程灾害。

室内实验表明,岩石加载到接近峰值强度时,内部释放的声发射事件大量出现并急剧增加,当加载到峰值强度的 60%后,岩石出现微震现象,部分岩石加载到峰值强度的 20%以上时,也会出现微震现象,其频率集中在 $10^2 \sim 10^4\,\mathrm{Hz}$[144]。

对于工程中的微震现象,往往引入地震学理论来解释,但地震学研究的范畴更大,其能量特征和波形特征更为复杂,很难对工程尺度的岩体进行准确描述。因此,人们更倾向于通过室内声发射实验来研究岩石材料在拉、压、弯、剪等荷载作用下的破坏规律与声发射释放特征,研究岩石损伤破坏与声发射信号、能量的联系,结合工程现场监测所得微震数据,对工程岩体进行破坏特征和稳定性判别。当然,采用实验室尺度岩体来研究工程尺度岩体,可能会因为尺度效应和环境条件的影响而有所差异,但对于二者机制的研究方法是一致的。

综上所述,微震和声发射均是对岩体破坏方式的描述,它们之间没有本质的区别,但描述方式需要根据以下具体情况而定[145]:

①微震和声发射往往是人类工程活动诱发所致,但部分地震也可能诱发微震。

②从动力学角度看,微震和声发射对应的波动特征存在着差别,微震波振幅较小且频率不高(相对于地震来说,频率要高一些),而声发射所对应动力波的频率较高,不过,就频率而言,二者之间并不存在严格的界限。

③声发射研究尺度较小,一般从实验角度来研究,而微震研究的尺度要大得多,但二者本质是相同的,可以通过声发射室内实验来研究微震的机制问题和波形问题,也可通过微震监测数据来印证室内声发射实验的一些机制问题。

④由于硬件设备的不断发展,目前微震监测系统可以接收的频率范围已经涵盖了声发射的频率,即可获得更多的信息帮助解译工作,但同时对解译工作技术能力和工作量提出了更高要求。

3.3.2　微震波场时频分析方法

信号时频分析是把一维的时间信号映射成二维的时间和频率的函数,用于描述不同时间和频率下的能量强度变化过程。基于时频表示或时频分布的信号分析统称为时频信号分析，它是时域分析和频域分析的自然推广[146]。

在时频分析中，最典型的方法就是短时 Fourier 变换和小波变换。它们的能量在时域上非常集中，其频谱主要集中在有限的频率范围内，可以表示时频平面上某个区域的信息，而该区域的位置与宽度完全依赖于其基函数的选择。

1. Fourier 变换及短时 Fourier 变换

Fourier 变换（Fourier transoform，FT）及其反变换反映时域和频域之间的一一对应关系[147]：

$$\left.\begin{array}{l} S(f) = \int s(t)\, e^{-2\pi fti}\mathrm{d}t \\ s(t) = \int S(f)\, e^{2\pi fti}\mathrm{d}f \end{array}\right\} \qquad (3\text{-}6)$$

Fourier 变换能够将时域信号转变成频域信号，从而分析信号的频域特征和能量的频域分布，在传统信号处理中发挥了很重要的作用。但 Fourier 变换只是总体上分解信号，无法显示局部信号信息，而且只能单独在时域或频域内分析，无法确定时间与频率之间的对应关系。

短时 Fourier 变换（short time Fourier transoform，STFT）是 Gabor 提出的一种时域局部变换方法，能够建立时间与频率之间的联合信息，从而避免传统 Fourier 变换的不足。短时 Fourier 变换采用时间较短的窗函数来放大局部时段的频谱，并假定非平稳信号在短时窗内稳定，可以通过移动窗函数来分析不同时段的频率特征，从而解决了时频不同步的问题。给定一个时间宽度很短的窗函数 $\eta(t)$，让窗滑动，则信号 $s(t)$ 的短时 Fourier 变换为

$$\mathrm{STFT}_s(t,f) = \int [s(t')\,\eta(t'-t)]e^{-i2\pi ft'}\mathrm{d}t' \qquad (3\text{-}7)$$

由此可见，短时 Fourier 变换体现信号在时间和频率上的共同变化，可以获得给定时刻的频率谱。但由于时域、频域的分辨率不能随时间或频率的变化而变化，对信号的所有频率只能采用单一的窗函数来反映，因此，短时 Fourier 变换只适合于分析平稳信号。对于非稳定信号，很难找到合适的长时间窗函数

来统一反映不同时段的频率，因此，也有一定的不足之处。

2. 小波变换

为了分析非平稳信号的时频特征，除采用短时 Fourier 变换和联合时频分析方法外，还可以使用小波变换方法，用一定尺度域来表示频域，并采用时间域和尺度域共同描述信号，且尺度可以变换。即采用小波函数系来逼近信号，并对基本小波进行平移、伸缩，结合信号函数 $s(t)$，在小波基函数下的积分即为小波变换（wavelet transform，WT）[148]：

$$\mathrm{WT}_s(a,b) = \frac{1}{\sqrt{a}} \int_R s(t) \phi\left(\frac{t-b}{a}\right) \mathrm{d}t \qquad (3\text{-}8)$$

式中，a 为尺度；b 为平移参数；$\phi(t)$ 为小波基函数；$\mathrm{WT}_s(a,b)$ 为小波变换函数。

采用小波分析，可以从时间-尺度平面上来表示非稳定信号，而一般的时频分析方法是在时频平面上表示非稳定信号的。短时 Fourier 变换采用统一分辨率来观察信号，而小波以不同尺度来观测信号。因此小波分析是一种特殊的时频分析[149]。

第4章 岩石损伤破裂及微震波释放

微震波的产生取决于岩体的受力特点、结构面特征等因素，可以结合震源理论来获得岩体受力类型、破坏特点和波动释放规律[122, 123, 150]。由于微震波的走时、幅值和相位变化等反映了岩石的破裂面及其内部流体的信息，因此也可以从监测得到的信号反馈岩体的波动释放过程[151, 152]。目前研究岩体的应力波传播特征，常规的方法是采用弹性波传播理论[139-141]，很多学者在应力波传播[153, 154]、频率[155]和结构面影响[156]等方面做了大量工作，取得了一定的研究成果。

4.1 岩石单轴拉伸受力纵波释放规律

单轴拉伸实验中的岩样，可以假设为一端自由、一端固定的圆柱，长度为 l，其端部受到一个力 $P(x, t)$ 的作用，如图 4.1 所示。

当 $P(x, t)$ 产生的拉应力达到岩石单轴抗拉强度 σ_t 时，岩石进入塑性或拉伸破坏状态，假定破坏瞬间 $t=0$，则由此产生弹性波沿 x 轴方向传播的位移 u 满足下列方程[141, 153]：

$$u_{tt} - c_\alpha^{*2} u_{xx} = f(x, t) \tag{4-1}$$

式中，$u_{tt} = \dfrac{\partial^2 u}{\partial t^2}$，$u_{xx} = \dfrac{\partial^2 u}{\partial x^2}$，$f(x, t) = \dfrac{P(x, t)}{\rho A}$，$c_\alpha^* = \sqrt{\dfrac{E^*}{\rho}}$，$E^* = \dfrac{E(1-\nu)}{(1+\nu)(1-2\nu)}$，$\nu$ 为泊松比。

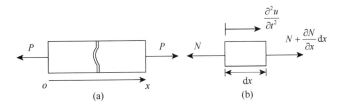

图 4.1 单轴拉伸岩石受力示意图

岩石杆件的初始条件为

$$\begin{cases} u(x,0)=u_0(x)=\varepsilon_t x \\ \dot{u}(x,0)=\dot{u}_0(x)=0 \end{cases}$$

式中，ε_t 为破坏瞬间岩石的拉应变，$\varepsilon_t = \sigma_t / E$。

采用振型叠加法求解出岩石内部的自由振动位移为[140]

$$u(x,t)=\frac{8\varepsilon_t l}{\pi^2}\sum_{i=1,3,5,\cdots}^{\infty}\frac{1}{i^2}\sin\frac{i\pi}{2}\sin\frac{i\pi x}{2l}\cos\frac{i\pi C_\alpha}{2l}t \qquad (4\text{-}2)$$

式中，$i=1, 3, 5, \ldots$；$C_\alpha = \sqrt{E/\rho}$。

取长度 l=100mm，直径 d=50mm 的圆柱形岩石，其弹性模量 E=40GPa，密度 ρ=2700kg/m³，抗拉强度 σ_t=2.84MPa，泊松比 $\nu = 0.25$。现分析岩石中某点在不同时刻的振动状况和在某时刻整个岩石杆件的振动状况，如图 4.2 和图 4.3 所示。

首先，分析 x=90mm 处的质点振型，如图 4.2 所示。从图中可以看出，其振动较为规律，呈弹性振动状态，振幅没有明显的衰减，而且振动的幅度比较小，达到微米级。由分析可以得到，由于岩石弹性模量较大，在破坏瞬间，振动的幅度是比较小的。

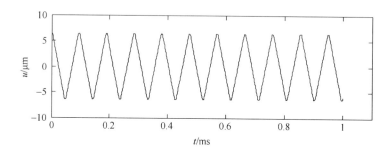

图 4.2　岩石某点纵向振动图

其次，分析在 0.4ms 时刻整个圆柱形岩石的振动情况，如图 4.3 所示。整个岩石各点位移基本上都沿 x 轴的正向，这表示岩石被拉长；整个岩石在约 0.95μm 的位移附近作逐步衰减的自由振动，因此，当圆柱体拉伸破坏时，剩余段将作逐步衰减的自由振动。

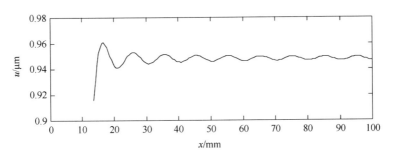

图 4.3　岩石拉裂 t=0.4ms 时各点振动图

从以上分析来看，当岩石试样在简单拉应力作用下形成纵向振动，即形成 P 波的传播模式，引起岩石各点纵向振动，其振动规律较为明显，没有明显的信号衰减。

4.2　岩石纯剪切受力横波释放机制

假设规则岩石截面积为 A，惯性矩为 I，中间受一对剪力 P。当相反的两个集中力 P 距离很近时，两个力之间的岩石可以认为是受剪力的，当剪应力过大，则可能引起岩石进入塑性状态或引起破坏。假定破坏瞬间 t=0，则由此变形产生的弹性波为畸变波，如图 4.4 所示。

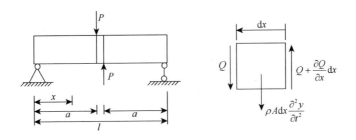

图 4.4　岩石剪切受力示意图

根据微单元受力分析，可得岩石内各质点远离 x 轴的振动位移 y（x，t）满足方程[140]：

$$\frac{\partial^4 y}{\partial x^4} + \frac{1}{C_\alpha^2 r_i^2} \frac{\partial^2 y}{\partial t^2} = -\frac{1}{EI} \frac{\partial}{\partial x} m(x,t) \qquad (4-3)$$

式中，r_i 为截面的回转半径；$m(x, t)$ 为单位长度上分布的外力矩。

两端铰支座梁固有频率及正则主振型函数为

$$p_i = \frac{i^2 \pi^2}{l^2} \sqrt{\frac{EI}{\rho A}} , \quad \tilde{Y}_i(x) = \sqrt{\frac{2}{\rho A l}} \sin \frac{i \pi x}{l} , \quad (i = 1, 2, 3, \cdots)$$

由材料力学得初始条件为

$$y(x,0) = f_1(x) = \begin{cases} y_{st}(2a-l)(a^2 - al + x^2)x & (0 \leqslant x \leqslant a) \\ y_{st} a (2x-l)(a^2 + xl + x^2) & (a \leqslant x \leqslant l-a) \\ y_{st}(l-2a)\left[a^2 - al + (l-x)^2\right](l-x) & (l-a \leqslant x \leqslant l) \end{cases}$$

$$\dot{y}(x,0) = f_2(t) = 0, \quad y_{st} = \frac{P}{6EIl}$$

由归一化正则变换，得 $\eta_i(0) = \int_0^l \rho A f_1(x) \tilde{Y}_i(x) \mathrm{d}x$，$\dot{\eta}_i(0) = \int_0^l \rho A f_2(x) \tilde{Y}_i(x) \mathrm{d}x$，于是有

$$\eta_i(0) = \int_0^a \rho A y_{st}(2a-l)(a^2 - al + x^2)x \sqrt{\frac{2}{\rho A l}} \sin \frac{i \pi x}{l} \mathrm{d}x$$

$$+ \int_a^{l-a} \rho A y_{st} a (2x-l)(a^2 + xl + x^2) \sqrt{\frac{2}{\rho A l}} \sin \frac{i \pi x}{l} \mathrm{d}x$$

$$+ \int_{l-a}^l \rho A y_{st} a (l-2a)\left[a^2 - al + (l-x)^2\right](l-x) \sqrt{\frac{2}{\rho A l}} \sin \frac{i \pi x}{l} \mathrm{d}x$$

$$= \frac{\rho A P}{EI} \sqrt{\frac{2}{\rho A l}} \frac{2l^4}{i^4 \pi^4} \sin \frac{i \pi a}{l}, (i = 2, 4, 6, \cdots)$$

因为无激振力，因此正则广义力为 0，所以 $\dot{\eta}_i(t) = \eta_i(0) \cos p_i t$，初始条件 $\dot{\eta}_i(0) = 0$。于是两端铰支座梁的自由振动为

$$y(x,t) = \sum_{i=1}^\infty \tilde{Y}_i(x) \cdot \eta_i(t) = \frac{4Pl^3}{EI\pi^4} \sum_{i=2,4,6}^\infty \frac{1}{i^4} \sin \frac{i \pi a}{l} \sin \frac{i \pi x}{l} \cos p_i t, i = (2, 4, 6, \cdots) \quad (4-4)$$

取长度 l=100mm，直径 d=50mm 的圆柱形岩石，弹性模量为 E=40GPa，密度为 ρ=2700kg/m³。所受外力为 P=25kN，作用点位置为 a=40mm 处。分析岩石受剪力破坏后某时刻或某质点的振动情况，如图 4.5 和图 4.6 所示。

图 4.5 反映了在距离左端 49mm（即 x=49mm）处的质点振型。在不同时

刻，该点基本呈现自由振动。但振动曲线不平滑，而是出现尖端，原因可能是振幅最大处受到力作用的影响。

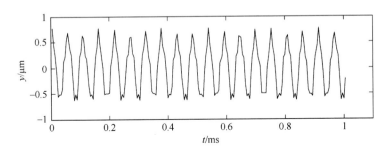

图 4.5　岩体某点横向振动图

图 4.6 反映了在不同时刻岩石受剪力段的质点振动情况。从图可以看出，在受到剪力的端部岩石振幅基本为 0，而其他部位有明显的振幅，同时振幅是连续的。

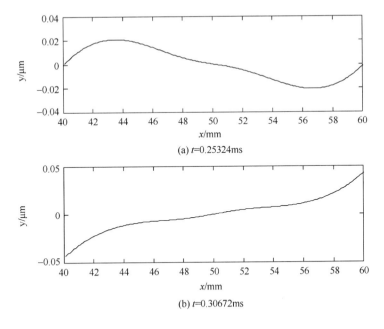

(a) $t=0.25324\text{ms}$

(b) $t=0.30672\text{ms}$

图 4.6　岩石不同时刻各点横向振动图

从以上分析可以看出，岩石在仅受剪应力作用下，会引起各个质点的横向振动，即 S 波传播模式，各个质点的振动方向与波传播方向垂直，质点呈现自由振动。

4.3　岩石自振动频率分析

当加载频率与岩石振动频率接近时，会引起岩石共振，从而加大岩石质点的振动幅度。因此，研究岩石振动频率，对于认识岩石破坏模式与加载之间的关系有十分重要的意义。

为了研究岩石的振动频率，取长度 l=100mm，直径 d=50mm 的圆柱形岩石，其弹性模量 E=40GPa，密度 ρ=2700kg/m^3，抗拉强度 σ_t =2.84MPa，泊松比 ν = 0.25，在受剪作用下外力为 P=25kN，作用点位置为 a=40mm 处。

采用上述参数，可以将图 4.5 所示的岩石纵向振动通过快速 Fourier 变换获取频率分布，如图 4.7 所示。可以看出其振动的频率为 11kHz，呈现比较明显的固定频率。

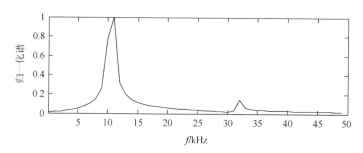

图 4.7　岩体纵向振动频谱

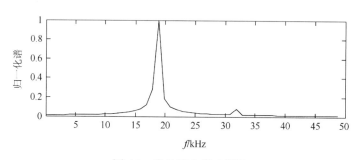

图 4.8　岩体横向振动频谱

同样，图 4.8 为图 4.6 所示的岩石横振动频谱图，该横向振动的振动优势频率为 19kHz，也比较固定。因此，此种岩石在受剪力作用下，考虑横向剪切引发的弹性波，其振动频率为 19kHz，基本呈现自由振动。

（1）弹性模量对振动频率的影响。采用上述各种参数，仅改变岩石的弹性模量值，就可以得到弹性模量对振动频率的影响规律，如图 4.9 所示。对于横向振动和纵向振动，岩石的振动频率均随着弹性模量的增大而增大，主要是因为随着弹性模量的增大，岩石刚度逐渐增大，所引起的振动频率均有所增大。

（2）岩样尺寸对振动频率的影响。同样，仅仅改变岩样的直径，其他参数不变，可以获取岩石试样直径与振动频率的关系，如图 4.10 所示。对于纵向振动，岩样的尺寸变化对振动频率没有影响；对于横向振动，岩样直径逐步增大时，其自振频率也逐步增大。

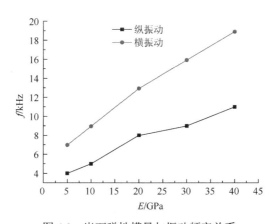

图 4.9　岩石弹性模量与振动频率关系

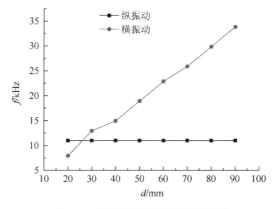

图 4.10　岩样直径与振动频率关系

（3）密度对振动频率的影响，如图 4.11 所示，密度增加时，岩样的振动频率减小，但减小的幅度较小。因此对岩石来说，密度大小变化对岩样的振动频率基本无影响。

（4）泊松比对振动频率的影响。当泊松比增大时，岩样的振动频率增加较小，总体来说，泊松比对振动频率基本无影响，如图 4.12 所示。

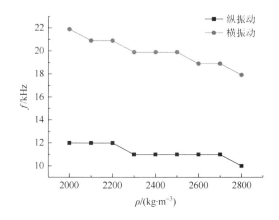

图 4.11　岩石密度与振动频率关系

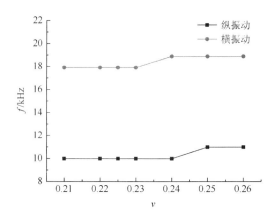

图 4.12　岩石泊松比与振动频率关系

4.4　本章小结

本章通过对岩样在单轴拉伸实验模型和纯剪切受力模型下的振动位移场

和传播规律进行分析，主要得出以下几点结论：

①分析了岩样 P 波和 S 波振动规律、时频特征及振动频率的影响因素，解释了岩体破坏过程中释放的振动波机制。

②根据岩石杆件单轴拉伸和纯剪切受力特点，分析了岩样构件在不同应力破坏下释放的应力波类型，绘制相应的振动位移图，并分别讨论了由 P 波和 S 波所引起的质点振动方向和位移特点。

③对于给定的岩样参数，纵振动和横振动的主频率分别为 11kHz 和 19kHz。岩样弹性模量对纵振动和横振动的频率有较大影响，岩样直径对横振动的频率影响较大，而对纵振动频率无影响。其他参数（如泊松比和岩样密度）对纵、横振动的频率影响较小。

第 5 章　基于声发射试验的微震波场研究

由于岩石声发射与微震的机制在本质上是一致的,因此可以采用室内声发射试验来研究微震机制和微震波的释放规律。通过进行岩石的直接拉伸、间接拉伸和单轴压缩等声发射试验来获得岩石破裂的声发射特性,进而得到岩石的微震波释放机制。

5.1　岩石声发射特性

5.1.1　声发射试验设计

(1) 试样制备。采用大岗山水电站地下厂房处的花岗岩为研究对象,采用湿式加工法在完整花岗岩上钻芯取样,对应用在直接拉伸和压缩试验的岩块,加工成直径 50mm,高 100mm 的圆柱体试件,对于应用在间接拉伸的巴西劈裂法试验中的岩块,加工成直径 50mm、高 25mm 的圆柱体试件。几何精度满足规程要求[157]。试样加工好后置于室内通风条件较好的位置,自然风干 4 周以上。岩石直接拉伸试件一组 6 个试样 (编号 ZT-1~ZT-6),巴西劈裂试件一组 4 个试样 (编号 ZS-1~ZS-4),单轴压缩试件一组 5 块 (编号 ZP-1~ZP-5),岩样见图 5.1。

(a) 拉伸岩样　　　　　　　　　　　　　(b) 劈裂岩样

图 5.1　用于直接拉伸和巴西劈裂法试验的岩样

直接拉伸采用结构胶黏剂 (简称 JGN) 将岩石端部和拉伸加载拉头黏结在

一起，一周后待其黏结强度达到最大时进行拉伸试验，如图 5.2（b）所示。

（2）试验设备及加载控制。试验采用 MTS815 FlexTest GT 岩石力学试验系统和美国物理声学公司 PCI-Ⅱ声发射采集分析系统[158]。巴西劈裂法及直接拉伸试验加载采用轴向位移控制，测量装量为线性可变差动变压器（linear variable differential transformer，简称 LVDT），其量程为±2.5mm，直接拉伸全过程加载速率为 0.005mm/min，拉伸荷载测试传感器量程为 25kN。间接拉伸试验的位移加载速率分别为 0.05mm/min 和 0.1mm/min，单轴压缩峰前采用应力控制，加载速率为 15MPa/min，峰后采用环向变形控制，控制变形为 0.02mm/min。

（3）传感器布置。声发射测试传感器为 Micr30 型，其中心频率为 300kHz，频率范围为 150～1000kHz，前置放大器增益为 40dB[158]。以四只传感器为一组均匀布置在岩石上下部分的四周。为保证传感器与试件的耦合效果，在二者接触部位涂抹凡士林，再用橡胶带把传感器固定在试样侧面。试验过程中压力试验机加载过程与声发射信号监测同步进行，如图 5.2 所示。图 5.3 为岩石经压缩、拉伸后的破裂图。

(a) 单轴压缩　　　　　　　(b) 直接拉伸　　　　　　　(c) 间接拉伸-劈裂

图 5.2　传感器布置图

(a) 压缩破坏　　　　　　　(b) 直接拉伸破坏　　　　　　(c) 间接拉伸-劈裂破坏

图 5.3　岩石试验破坏图

5.1.2 岩石强度与变形特征

（1）拉伸条件下的应力-应变曲线。本次试验对花岗岩采用直接拉伸和间接拉伸方式。直接拉伸的应力-应变曲线，如图 5.4 所示，当加载到峰值应力之后，岩体还有一部分晶格连接，具有一定的承载力；当晶格完全断裂后，瞬间破坏，应力骤降，岩体失去抗拉承载力。从应力-应变曲线来看，到达峰值后，岩石的变形很快下降到 0，表明岩石延性较差，总体上为脆性材料。

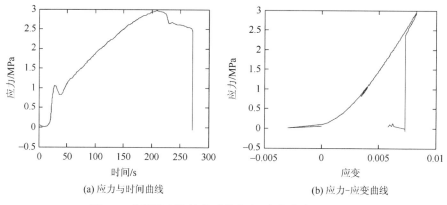

| (a) 应力与时间曲线 | (b) 应力-应变曲线 |

图 5.4　花岗岩直接拉伸试验应力-应变曲线（ZT-2）

间接拉伸试验中的应力-应变曲线与直接拉伸基本一致，当加载到峰值应力之后，岩块很快破坏，失去承载力，如图 5.5 所示。

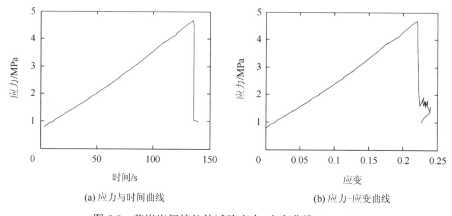

| (a) 应力与时间曲线 | (b) 应力-应变曲线 |

图 5.5　花岗岩间接拉伸试验应力-应变曲线（ZS-3）

（2）单轴压缩条件下岩石的变形特征。在单轴连续加载的情况下，岩石的轴向应变 ε_L、横向应变 ε_d 和体积应变 ε_V 的关系为

$$\varepsilon_V = \varepsilon_L - \varepsilon_d \tag{5-1}$$

将含有微裂隙且不太坚硬的岩块制成试块并在刚性压力机上进行试验，可得到岩块的全应力-应变曲线，如图 5.6 所示。

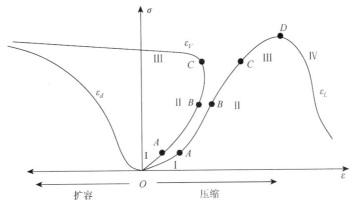

图 5.6 单轴压缩岩块应力-应变全过程曲线

岩块的变形过程可以分为以下不同阶段[159]。

①孔隙压密阶段（OA 段），原有张开结构面或裂隙被压密，随着应力加大，微裂隙闭合开始时较快，随后逐渐减慢，使应力-应变曲线呈上凹形。

②弹性变形及微破裂稳定发展阶段（AC 段），其中 AB 段为弹性变形阶段，而 BC 段为微破裂发展阶段，岩体表现为塑性变形，岩体压缩速率逐渐减缓。

③非稳定破裂发展阶段（CD 段），破裂过程中的应力集中效应明显，破坏范围加大，体积压缩逐步转为扩容，试件承载能力达到最大。

④破坏后阶段（D 点以后），岩体承载力达到峰值，新旧裂隙快速发展、交叉且相互连接形成宏观断裂，内部结构完全破坏，岩块各个块体出现滑移，试件承载力迅速降低，最后保持一定的残余强度。

循环荷载下的岩块变形随加卸载方法、卸载应力大小的不同而不同。

①若首次卸载应力没有达到弹性极限，则应力-应变曲线外包线与连续加载时基本一致，但加、卸载曲线会围成不同的回滞环；

②若首次卸载应力超过弹性极限，则卸载后再加载，曲线随着加、卸载次数的增加而逐渐变陡，回滞环的面积逐渐变小，累计变形逐渐增大，岩块破坏产生在加、卸载曲线与全应力-应变曲线的交点处，达到疲劳强度。

本次试验采用应变控制，当应力达到一定程度时，变形会加大，此时试验机就会进行卸载，以减小岩石变形，从而反复进行加、卸载，如图 5.7 所示。在应力达到 65MPa 以上进行卸载时，回滞环较为明显，回滞环面积随着卸载量的多少而反复变化。

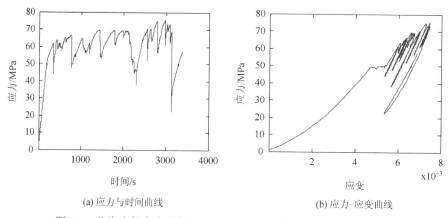

(a) 应力与时间曲线　　　　　　　　(b) 应力-应变曲线

图 5.7　花岗岩低应力反复加、卸载荷时的应力-应变曲线（ZP-1）

③若首次卸载应力在峰值强度过后，则加载曲线与峰值应力前卸载不一样，如图 5.8 所示。花岗岩首次卸载应力已经超过峰值强度，其应力-应变曲

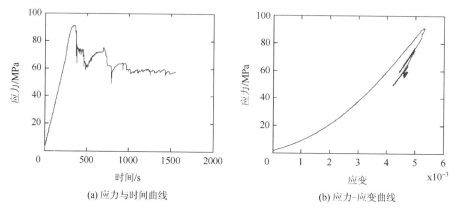

(a) 应力与时间曲线　　　　　　　　(b) 应力-应变曲线

图 5.8　花岗岩单轴压缩高应力卸载试验应力-应变曲线（ZP-2）

线在加、卸载时仍然会形成回滞环，但面积逐渐变小，而且回滞环的整体斜率变大，表明卸载后期岩块逐渐硬化，最终达到岩块的疲劳强度。

（3）大岗山花岗岩的强度。大岗山花岗岩的单轴压缩强度和拉伸强度，见表 5.1，从实验结果来看，单轴压缩的结果离散性较大，可能跟实验条件有一定关系。

表 5.1　大岗山花岗岩的强度

试验类别	试件编号	直径/mm	高度/mm	抗拉强度/MPa	抗压强度/MPa	平均强度/MPa
单轴压缩	ZP-1	48.20	96.50	—	75.51	
	ZP-2	48.42	96.74	—	91.53	87.08
	ZP-3	48.17	97.00	—	67.19	
	ZP-4	48.10	97.36	—	114.1	
直接拉伸	ZT-1	48.76	99.71	3.18	—	
	ZT-2	48.23	101.14	2.97	—	
	ZT-3	48.40	99.96	2.69	—	2.84
	ZT-4	48.27	98.79	2.64	—	
	ZT-6	48.50	98.00	2.74	—	
间接拉伸	ZS-1	48.47	26.08	4.90	—	
	ZS-2	48.36	25.25	6.27	—	5.34
	ZS-3	48.50	25.58	4.68	—	
	ZS-4	46.97	25.48	5.52	—	

5.1.3　岩石声发射事件分布

1. 拉伸试验过程声发射事件分布

在岩石直接拉伸和间接拉伸试验中，得到了应力与声发射率、应力与能率关系曲线，如图 5.9 和图 5.10 所示。

从图 5.9 反映的直接拉伸曲线可以看出，岩石在加载应力达到峰值应力之前，基本上没有声发射事件发生，直到达到峰值应力时，岩石的声发射计数才有了明显的上升。超过峰值应力后，岩石的声发射计数较多，表明岩石破坏过程中释放了大量的能量，引起较多的声发射事件。由此可见，岩石直接拉伸是一个瞬时的破坏，属于脆性破坏。

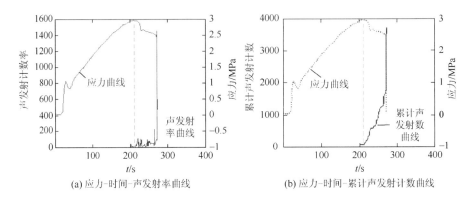

(a) 应力-时间-声发射率曲线　　　　　(b) 应力-时间-累计声发射计数曲线

图 5.9　直接拉伸声发射事件-应力关系曲线（ZT-2）

图 5.10 反映了间接拉伸声发射计数与应力的关系。可以看出，间接拉伸时声发射事件从一开始即产生，随着加载应力的增大，声发射事件率也逐渐增大，出现稳定期和裂纹快速发展期。在应力达到峰值应力后，声发射计数也急剧增加，岩块瞬间破坏，呈现明显的脆性破坏特征。

从直接拉伸和间接拉伸的声发射计数来看，直接拉伸的声发射计数较少，仅仅在加载应力接近峰值应力时声发射计数才快速增加，且整体数目较少；但间接拉伸中，加载开始时就逐渐产生声发射事件，其数目也较多，可以认为是加载初期岩样受压板压力所致。由于两种试验中岩石总体上是受拉的情形，因此当加载应力达到峰值应力时，岩石破坏较快，呈现明显的脆性破坏特征。两者受力过程中声发射数量差别较大，主要是由于直接拉伸和间接拉伸破坏机理的差异造成的。

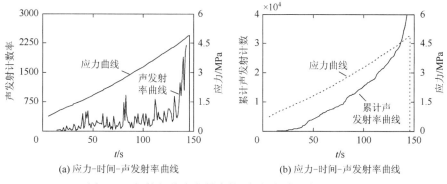

(a) 应力-时间-声发射率曲线　　　(b) 应力-时间-声发射率曲线

图 5.10　间接拉伸声发射事件-应力关系曲线（ZS-1）

2. 单轴压缩过程声发射事件分布

从图 5.11 中可以看出，岩石单轴受压过程中，加载初期有一定的声发射活动，主要是由于岩块内部存在着大量的微裂隙，均匀性较差，微裂隙闭合过程中，局部裂纹尖端出现微破裂。随着荷载的增加，声发射计数率出现一定的降低，岩块处于平静阶段或线弹性变形阶段。此时岩块内部的裂隙已闭合，新增的压力还没有使岩块破裂或节理错动，因此，产生的声发射事件较少。当荷载达到峰值应力的 70% 以上时，声发射事件率很快增加，岩体裂隙逐步扩展。当荷载继续增加到峰值应力时，声发射事件数急剧增加，内部裂纹加剧扩展错动，岩体出现宏观破坏。

岩体加载过程中，声发射能量释放过程经历了裂隙压缩阶段、平静阶段、稳步扩展阶段和破坏阶段，整个过程出现了两次较大破坏，其声发射率和能率也出现了两次跃升，如图 5.12 所示。

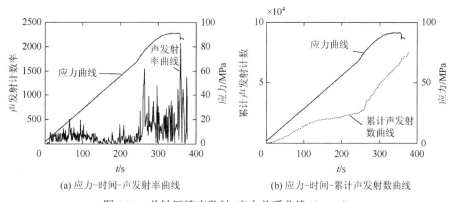

(a) 应力-时间-声发射率曲线　　　(b) 应力-时间-累计声发射数曲线

图 5.11　单轴压缩声发射-应力关系曲线（ZP-2）

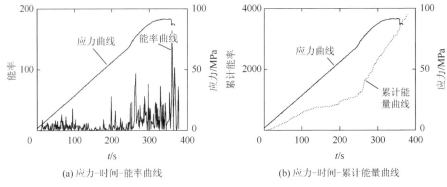

(a) 应力-时间-能率曲线   (b) 应力-时间-累计能量曲线

图 5.12 单轴压缩能量-应力关系曲线

图 5.13 表示在达到峰值强度后，岩样并没有瞬间破坏，而是经历了较长的变形过程，应力也反复升降，此时也发现了大量的声发射事件。但声发射事件率和能率均小于峰值破坏时的值，表明岩块在经历了峰值应力后，承载力逐步降低，岩块也逐步破坏，声发射事件数逐步减小，破坏释放的能量也逐步减小。

由此看出，在花岗岩压缩受力过程中，其应力-应变曲线和声发射计数率、能率曲线较为吻合，声发射事件急剧增加时，总是伴随着岩体内部的大量裂纹的闭合、扩展和连通等情形，意味着岩体本身能量的突变。这与声发射是岩体内部能量突然释放的理论是一致的。

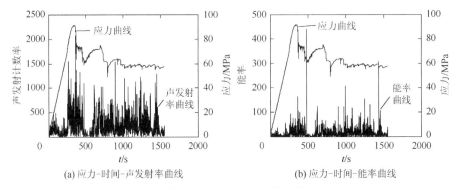

(a) 应力-时间-声发射率曲线   (b) 应力-时间-能率曲线

图 5.13 单轴压缩声发射率和能量关系曲线

5.1.4 岩石声发射频度分析

不同应力破岩过程中应力与声发射发生频度的关系，可以反映出岩石破坏前后的重要信息。声发射率和能率基本能反映岩石在裂纹闭合、破坏前后的特点，特别是可反映应力水平与声发射频率、振幅之间的关系。因此，声发射频度与应力之间关系的分析，可以用于反馈岩石的破坏特点和规律。

1. 应力水平与声发射发生频度的关系

日本学者 Mogi 将单轴压缩下岩石的声发射频度变化分为四个阶段[160]，如图 5.14（a）所示。*AB* 段为裂纹闭合声发射发生阶段，*BC* 段为纯弹性变形阶段，*CD* 段为非弹性变形阶段，在 *DF* 段为非稳定破坏阶段。

Bieniawski 给出了声发射与岩石破坏过程的对应关系[161]，如图 5.14（b）所示。Mogi[162]和濑户等[163]认为高应力状态下通过低通滤波器的声发射计数较多，低频成分比较显著。濑户认为，煤岩的破坏过程中声发射发生频度的变化有两种模式：其一是在应力水平上升过程中声发射发生频度增加；另一模式则与应力水平的增加无关，其从低应力水平就开始活动。然而，根据上述指标可看到两者随着应力水平的增加，低频率成分都有所增加。因此，在应力水平与声发射发生频率变化不对应的情况下，也可以用这个指标进行破坏预测。

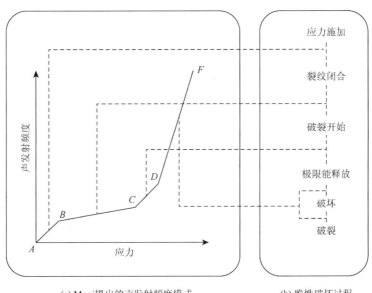

(a) Mogi提出的声发射频度模式　　　　(b) 脆性破坏过程

图 5.14　岩石声发射发生与破坏过程的关系

对于大岗山的花岗岩，在应力水平上升时，声发射计数率呈上升趋势，到岩石破坏前后，声发射事件呈快速增长趋势，如图 5.15（a）所示。从事件发生的频度来看，在加载应力低于 90%峰值应力水平之前，声发射事件计数率基本呈上升趋势，而在（90%～100%）峰值应力水平下，声发射频度有所降低。此时声发射事件虽集中爆发，能量释放也大，但数目有所降低，如图 5.15（b）所示。

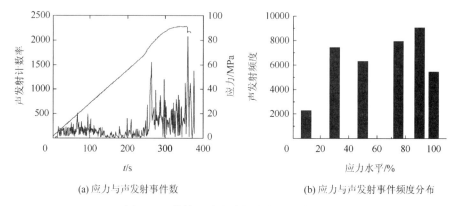

(a) 应力与声发射事件数　　　　　　　　(b) 应力与声发射事件频度分布

图 5.15　单轴压缩应力与声发射频度分布

2. 破坏过程中的振幅与频度变化

声发射发生的振幅与应力水平有关，也跟材料的破坏过程有一定关系。在地震学中，石本-坂田较早提出了不同规模的振幅和频度关系式：

$$n(a) = ka^{-m}\mathrm{d}a \qquad\qquad (5\text{-}2)$$

式中，a 为声发射事件的最大振幅；$n(a)$ 为最大振幅从 a 到 $a+\mathrm{d}a$ 区间内声发射的发生频度；k、m 为常数。

对于岩石、混凝土等微观非均匀构造材料，上述关系式成立。Mogi 指出公式中的指数 m 相当于障碍物阻止破坏的概率，障碍物的分布密度高，则其阻止破坏增长的概率就大，m 值就大。Scholz[164]通过试验得到随着应力水平的增加，m 值下降的结果。Mogi[165]通过一定应力条件下的试验也得出最终破坏前 m 值有所下降的结果。这可以解释在最终破坏前，微小破坏容易连接和组合起来，使大的破坏相对增加。

图 5.16 所示为大岗山花岗岩在单轴压缩情况下各应力阶段的振幅分布。

图中横坐标表示以 dB 为单位的振幅值，纵坐标表示该振幅下的声发射计数。图 5.16（a）表示在小于 10%峰值应力时振幅与声发射事件的关系，可以看出声发射频度较低，事件数较少；图 5.16（b）表示在 10%～30%峰值应力时，振幅为 40～45dB 的声发射事件发生数持续增加，并出现 60dB 以上的声发射事件。

从图 5.16（c）和图 5.16（d）中可以看出，40～45dB 振幅的声发射事件有所降低，但出现了 70dB 以上的振幅；从图 5.16（e）和图 5.16（f）中可以

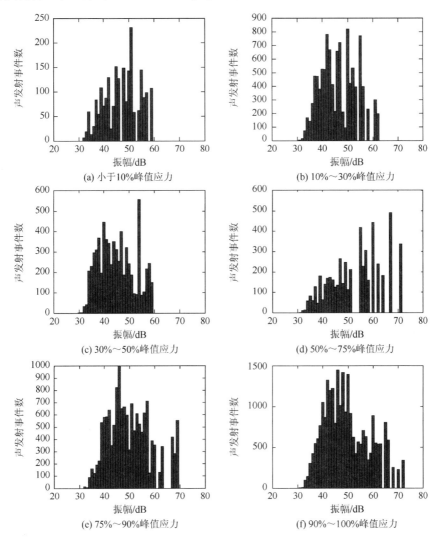

图 5.16　花岗岩压缩过程中声发射频度分布变化图

看出，40～45dB 振幅的声发射事件快速增加。由此得出，振幅频度分布随着应力水平发生显著的变化，特别是在 75%峰值应力以上时声发射事件显著增加。这与在此应力水平下声发射的低频成分相对增加的结果相一致。也就是说，应力水平超过 75%以上时，微小裂纹经连接、交叉形成大裂纹，破坏逐渐增大，声发射事件就也就增加。声发射事件从发生源到探头传播要经过大裂纹，高频成分易发生衰减，另外大裂纹所引起的低频成分也十分显著。

3. 破坏过程中震级与频度分布变化

地震学上 Gudenberg-Richert 公式提出了地震震级与频度之间的关系：

$$\lg N = a - bm \tag{5-3}$$

式中，N 为震级大于 m 的微震事件数目；a、b 为参数，根据一定地区和时间内的地震统计而得到。

将式（5-3）进行图形绘制，则 b 值反映直线的斜率。但实际统计过程中，会发现很多图形会偏离这一直线，特别是在岩体破坏前会出现 b 值降低的现象。国内外很多专家研究了这一现象，Mogi 和 Scholz 指出 b 值降低的情况，方兴[166]、焦文捷[167]、曾正文[168]和李元辉[169]等也进行了研究，发现 b 值在岩石破坏时达到最低值的现象。根据焦文捷的研究成果，假设

$$\lg N = A - Bm' \tag{5-4}$$

式中，$A = a - 11.8b$，$B = 1.5b$，$m' = \lg E$；E 为声发射能量。为方便起见，统计时直接用 b 代替 B，用 K 代替 m'。

两个单轴压缩声发射试验中声发射事件频度分布与震级关系曲线，如图 5.17 所示。如吴贤振[170]的研究方法一样，可采用最小二乘法来计算 b 值。首先将声发射数据进行分组，按照峰值应力的 10%、30%、50%、75%、90%和 100%阶段，将声发射数据分为 6 组，分别计算出各组的 b 值，按照应力值和 b 值进行绘图，如图 5.18 所示。可以看出，加载初期 b 值波动较大，表明岩块出现一定破坏，包括裂纹闭合、不均匀裂隙扩展等，当加载应力接近峰值应力时，压缩试验和劈裂试验中的 b 值出现了上升趋势，这与传统的 b 值下降有所不同，

其原因可能是加载采用应变控制，峰值应力后加、卸载反复进行，裂纹扩展增
长较为缓慢等。

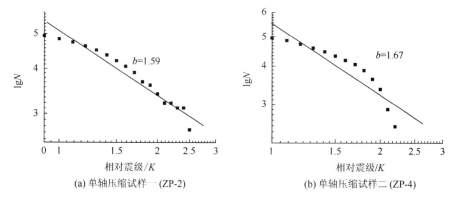

(a) 单轴压缩试样一 (ZP-2)　　　　　　　(b) 单轴压缩试样二 (ZP-4)

图 5.17　声发射事件频度与震级关系图

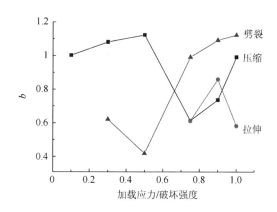

图 5.18　实验中 b 值的变化情况

5.2　岩石声发射波的时频特征

5.2.1　拉伸条件下声发射波的时频分析

1. 直接拉伸试验下岩石声发射波谱

选取直接拉伸试验中 ZT-3 岩样的 3 号传感器所接收到的声发射波进行分
析。在低应力阶段岩块基本不出现声发射事件，要达到峰值应力的 70% 以上才
会出现。不同应力阶段该岩样的声发射波形和频谱分布如图 5.19 所示。从图

中可以看出,在直接拉伸试验中,声发射波谱的优势频率集中在190～250kHz,其他范围内的频率分布较少,而且幅值较低。

岩体在直接拉伸试验中主要受拉应力作用,很少出现受其他力作用,因此通过直接拉伸试验能够反映岩体在简单受拉作用下的信号特征,由于简单拉伸条件下产生的是P波,因此本研究能够体现岩石P波的特征。

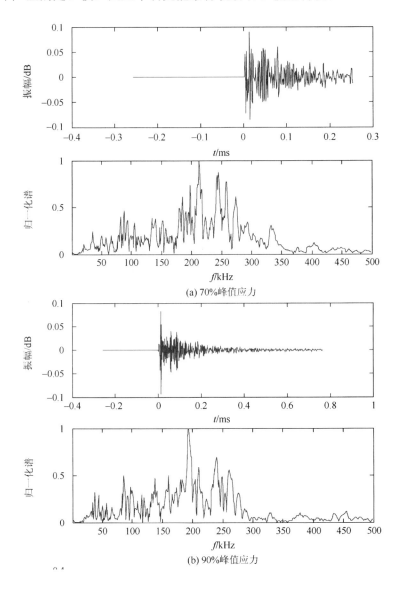

(a) 70%峰值应力

(b) 90%峰值应力

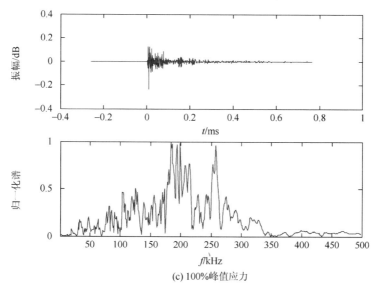

(c) 100%峰值应力

图 5.19　直接拉伸岩块声发射波形及频谱分布

2. 间接拉伸岩石声发射波谱

选取间接拉伸试验中 ZS-3 岩样的 2 号传感器所接收到的声发射波进行分析。该岩体抗拉强度为 5.68MPa，分别取加载应力为抗拉强度 50%、75%、90% 和 100%四个阶段释放的声发射波来分析，其时频谱如图 5.20 所示。

从图 5.20 可以看出，各个应力阶段的声发射波显示出两个优势频率，即 60kHz 和 240kHz。在加载到 50%和 90%峰值应力时，优势频率集中在 60～ 80kHz，而在加载 75%和 100%峰值应力时，优势频率集中在 240kHz，但 60kHz 的频率也比较明显。因此，在间接拉伸试验中，岩体初期受到压板作用，局部 会出现压应力，节理压密或破坏，呈现弹性压裂波；当加载应力较大时，岩体 中部出现拉裂应力后，则释放出明显的拉裂波形，其频率在 240kHz 左右，与 直接拉伸试验中应力波的频率（190～250kHz）较为接近。

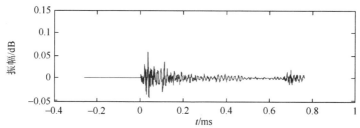

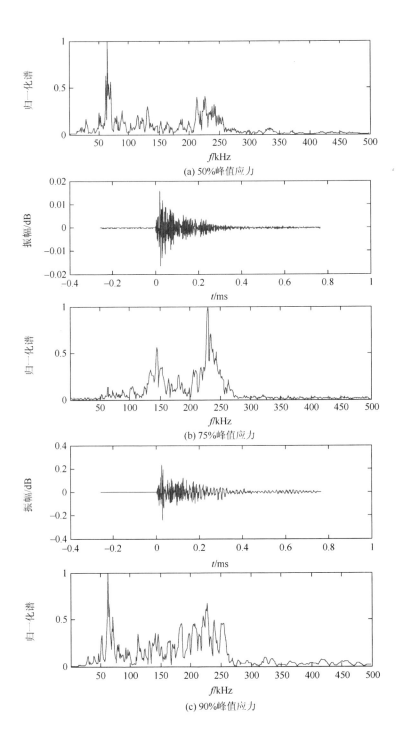

(a) 50%峰值应力

(b) 75%峰值应力

(c) 90%峰值应力

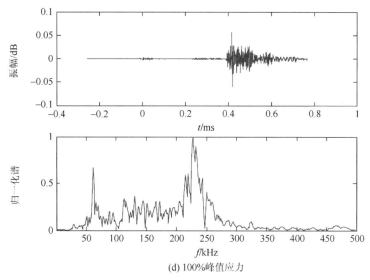

(d) 100%峰值应力

图 5.20　间接拉伸声发射波形及频谱分布

5.2.2　单轴压缩条件下声发射波的时频分析

单轴压缩试验中随着加载应力增加，声发射波形以及通过 Fourier 变换后的频谱特征如图 5.21 所示。从图中可以看出，在加载初期，即应力值为 10%峰值应力时，优势频率为 235kHz，但也出现了大量的低频信号，集中在 50～150kHz；当应力值为 10%～75%峰值应力时，低频事件数较少，优势频率集中在 220～240kHz；当应力值为 75%～90%峰值应力时，低频事件重新出现，表明声发射事件从发生源传播到探头要经过大裂纹，高频成分易发生衰减，另外大裂纹所引起的低频率成分显著，特别是当加载应力接近峰值应力时，频率为 50～150kHz 的低频成分事件数剧增，说明了岩块中出现了大量的裂缝，从而引起岩块整体破坏。这个现象与 Mogi[162]等所观察的现象一致，说明了在岩石即将破坏时，会出现大量的低频声发射信号。

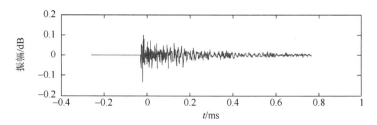

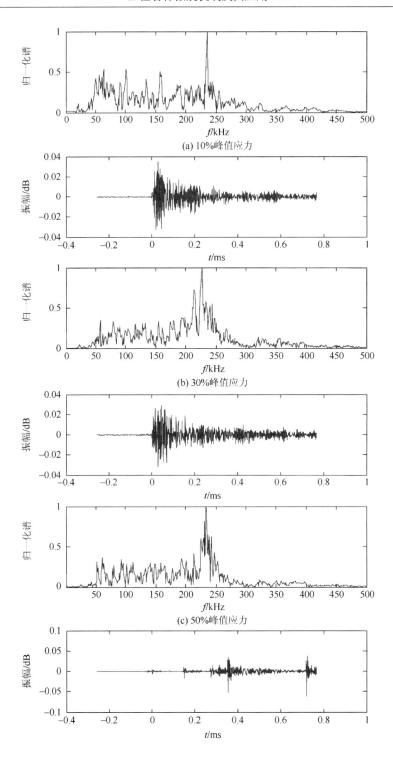

(a) 10%峰值应力

(b) 30%峰值应力

(c) 50%峰值应力

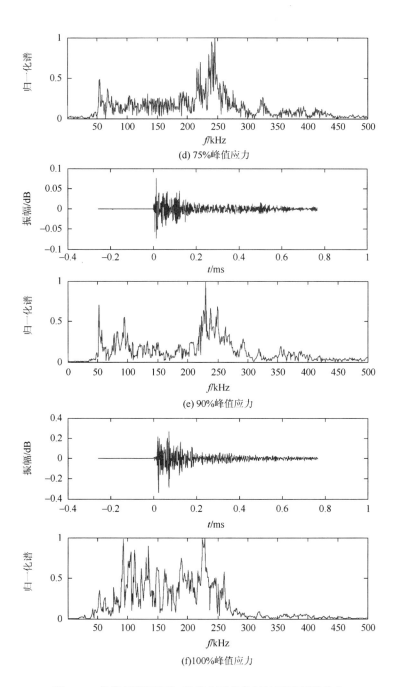

(d) 75%峰值应力

(e) 90%峰值应力

(f)100%峰值应力

图 5.21　单轴压缩不同加载应力下声发射波形及频谱分布

5.2.3 不同应力下声发射波频率谱的异同

在直接拉伸、间接拉伸和单轴压缩情况下,岩块破坏时的声发射频谱图如图 5.22 所示。三种加载方式下声发射的优势频率集中在 190~250kHz。直接拉伸和间接拉伸方式下声发射的低频事件较少,特别是 150kHz 以下的声发射事件较少,表明在拉伸应力下岩体破坏较为迅速,呈现脆性破坏状态。而单轴压缩方式下 50~150kHz 的低频声发射事件数量很多,表明单轴压缩破坏是一个缓慢的过程,大裂缝也逐渐发展,释放低频声发射信号,其破坏呈现典型的塑性性质。

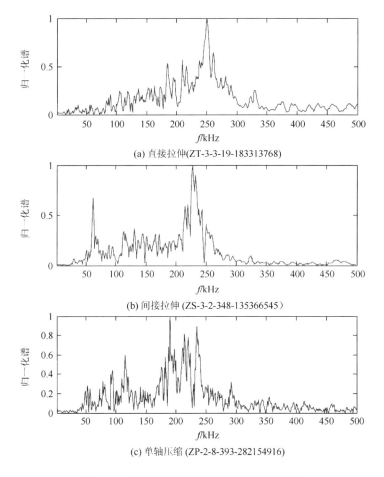

(a) 直接拉伸(ZT-3-3-19-183313768)

(b) 间接拉伸 (ZS-3-2-348-135366545)

(c) 单轴压缩 (ZP-2-8-393-282154916)

图 5.22　不同应力破岩时声发射波频谱分布

5.3　岩石声发射源与分形特征

5.3.1　岩石声发射源分布

通过声发射探头所测的时间差、不同探头的位置和声波波速等参数，建立相应的数学公式，获得声发射释放点（即声发射源或震源）的位置；结合震源释放时间和震源点的关系，就可以分析岩块破坏过程中微破裂产生的时间和位置，进而从微观角度分析岩块的破坏特征。

对于声发射源的研究，最初是 Scholz[171]求得了花岗岩在一定压应力条件下声发射发生位置的分布，指出在破坏之前有向最终破裂面集中的趋势。由多个具有高精度声发射源的标定结果发现，声发射源的空间分布、时间分布与最终破坏面的形成过程有密切关系。

1. 拉伸试验中花岗岩的声发射源分布

直接拉伸和单轴压缩实验声发射传感器的位置如图 5.23 所示。直接拉伸试验中岩样声发射点源分布情况如图 5.24 所示。在加载应力达到 75%峰值应力前，岩样释放很少的声发射事件，达到峰值应力后，声发射事件数才有明显的增加。但达到峰值应力产生主破裂后，试样还有一定的承载力，因此从峰值应力到试验结束，主破裂附近产生了大量的声发射事件，由此印证了主震后可能出现余震的情况。

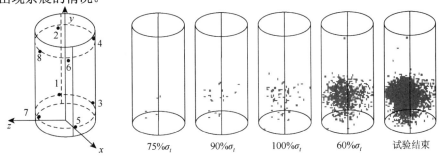

图 5.23　声发射传感器位置	图 5.24　直接拉伸加、卸载过程中声发射点源的分布情况（ZT-3）

间接拉伸 4 个试样破坏后声发射点源的分布情况如图 5.25 所示。可以看出所反映的破坏规律基本一致，即沿着压力作用点连线破坏，出现受拉破坏。而 ZS-2、ZS-3 不是两端对称破坏，而是一端受力点破坏，最终导致整体破坏。

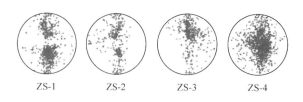

ZS-1　　　　　ZS-2　　　　　ZS-3　　　　　ZS-4

图 5.25　间接拉伸不同试样声发射点源分布

花岗岩 ZS-1 试样在间接拉伸试验中声发射源分布点，如图 5.26 所示。从图中可以看出，在荷载逐步增加过程中，试样在受荷线上（竖直线）逐渐出现声发射点，在荷载达到峰值应力时，中间裂纹贯通而破坏，这是巴西劈裂法的典型破坏特征，即在压力作用下，试样中间承受拉应力而破坏。从峰值应力到试验结束，声发射事件没有明显的增长，表明劈裂试验中的拉破坏是一个脆性破坏。

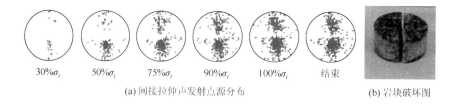

$30\%\sigma_t$　　$50\%\sigma_t$　　$75\%\sigma_t$　　$90\%\sigma_t$　　$100\%\sigma_t$　　结束

(a) 间接拉伸声发射点源分布　　　　　　　(b) 岩块破坏图

图 5.26　间接拉伸声发射点源分布（ZS-1）

2. 单轴压缩声发射源分布

大岗山花岗岩单轴压缩试件 ZP-2 的 8260 个声发射源分布，如图 5.27 所示，反映了加载应力逐渐增加到峰值应力然后卸载的过程中声发射源分布特征，由此可以看到：

①从正视图可以看出，加载初期（$30\%\sigma_c$）试件中部出现了较为集中的水平分布声发射源，表明在试件中部可能存在水平分布微裂隙层；当荷载增加到

峰值应力（σ_c），该部位水平分布的声发射源没有明显的增加，可以判断出在应力加载初期水平裂隙层逐步闭合，释放了部分声发射波；

②试件下部 7 号传感器附近出现了斜向分布的声发射点源，表明此处呈现了剪断型的破裂面；

③加载到峰值应力时，7 号、8 号传感器附近出现声发射集中区。

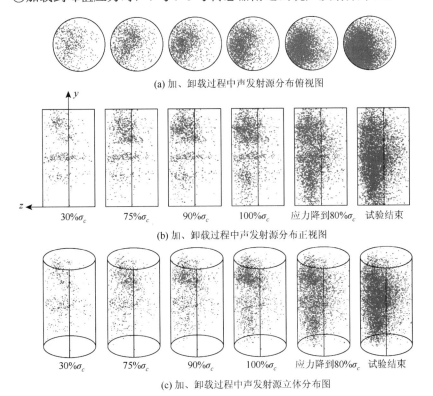

(a) 加、卸载过程中声发射源分布俯视图

(b) 加、卸载过程中声发射源分布正视图

(c) 加、卸载过程中声发射源立体分布图

图 5.27　单轴压缩声发射点源分布（ZP-2）

可以看出，ZP-2 花岗岩试件受力破坏过程如下：在加载初期，试件中部的部分水平微裂纹逐渐闭合，当应力逐渐增加到峰值应力值时，在试件上部的 8 号传感器附近出现了声发射集中分布区，表明主破坏已产生；当继续加载时，在试件下部的 7 号传感器附近出现了斜向分布裂隙，表明试件产生了剪切破坏；到试验结束，岩体 7 号、8 号传感器附近的岩体微裂隙连成一片，破坏由此产生。因此，整个试件在压应力作用下呈现较为复杂的应力破坏过程。

5.3.2 岩石声发射的分形特征

卡千和克诺波夫发现自然地震震源的空间分布具有分形构造，无论从哪个事件出发，以其震源位置为原点距离 r 的其他事件成 r^{-1} 分布。这种自然地震的现象对尺寸不同的岩石试件内发生的声发射事件也成立。

采用下式的积分来讨论从 A 阶段到 C 阶段的声发射源分布变化[172]：

$$C(r) = 2\frac{N_r}{N(N-1)} \qquad (5\text{-}5)$$

式中，N 为声发射源总数；N_r 为两点间距离小于 r 的所有声发射源对的个数。

如果声发射源分布具有分形构造，则有下式成立：

$$C(r) \propto r^D \qquad (5\text{-}6)$$

对上式两边取对数，有

$$\lg C(r) \approx A + D\lg r \qquad (5\text{-}7)$$

式中，A 为常数；D 为分形维数。

在双对数坐标上绘出距离 r 与 $C(r)$ 的关系图，则具有分形特征的部分（即满足式（5-7）的部分）应为直线，而且其斜率是分形维数 D。

大岗山花岗岩在 3 个变形阶段的声发射源分布的变化，如图 5.28 所示。其中 A、B、C 分别对应于加载应力达到峰值应力的 0%～50%、50%～75%和

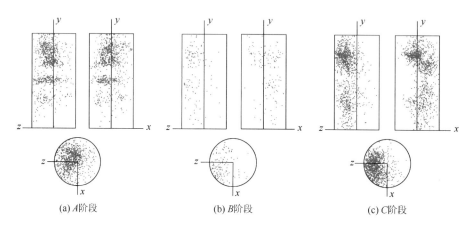

(a) A阶段　　　　　　(b) B阶段　　　　　　(c) C阶段

图 5.28　花岗岩单轴压缩破坏过程中声发射源变化

75%～100%三个阶段，图中反映的声发射事件为该加载阶段的声发射事件点。由此可见在破坏前的 C 阶段，在破坏面附近出现声发射集中的情形。

上述三个阶段声发射分布的 r 与 C(r) 的关系如图 5.29 所示。由于 C(r) 和 r 之间的关系满足式（5-7），表明声发射源具有分形特征，而且 A、B、C 三个阶段声发射源分布的分形维数分别为 2.358、2.221 和 2.156，表明随着破坏的加剧，分形维数逐渐减小。

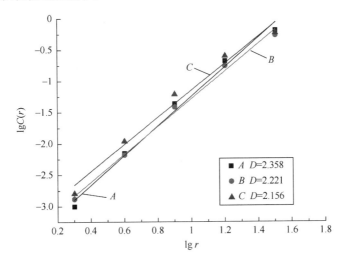

图 5.29　声发射源分布的分维数变化

分形维数的变化意味着伴随声发射的发生，微破裂之间的相互作用强弱发生变化。分形维数减小表明微破裂相互作用增强并导致破裂聚集，使岩石处于非稳定的状态。因此，可以根据声发射源分布的分形维数的变化有效地进行岩石稳定性破坏的判断。

谢和平对实际矿山微震进行监测分析发现，在声发射发生频度的变化难以判断的情况下，滑坡发生前的声发射分布的分形维数有减小的趋势[173, 174]。

5.4　本 章 小 结

本章采集了大岗山水电站花岗岩，进行了单轴直接拉伸、间接拉伸和单轴压缩试验来分析不同应力作用下岩石释放的声发射事件和波形数据，并结合岩石强度特性和变形特性来分析岩石的声发射特征。

（1）从应力增加与声发射事件数的关系来研究。直接拉伸试验中，岩块的声发射事件在加载应力达到70%峰值应力以上时才被检测到，随后声发射事件数大量增加。说明直接拉伸应力破坏是一个瞬间的过程，岩体抗拉强度低，呈现脆性破坏。间接拉伸试验中声发射事件数出现稳定期和裂纹快速发展期，在破坏时声发射数急剧增加，岩块应力达到峰值后瞬间破坏。单轴压缩试验中岩样经历了裂隙压密、平静阶段、稳步扩展阶段和破坏阶段。在加载初期有声发射活动，当荷载达到破坏荷载的75%以上时，声发射事件率有较快增长，内部裂纹加剧扩展，在达到峰值强度最大值时，声发射事件率和能率均达到最大值，出现宏观破坏。三种实验方法所获得的声发射事件规律不同，这与其受力破坏的机制有关。

（2）从应力水平变化所引起的声发射频度变化来研究。声发射计数和振幅频度分布随着应力变化而发生显著变化，特别是在大约75%峰值应力以上时发生大规模的声发射事件。加载应力水平超过75%峰值应力以上时，微小裂纹的连接、交叉形成大裂纹。声发射从发生源到探头的传播要经过大裂纹，高频成分易发生衰减，另外大裂纹所引起的低频率成分显著，声发射低频率成分较为显著。

（3）采用Fourier变换来研究不同应力破岩下声发射波形的频谱特征。在单轴拉伸试验中，优势频率为190~250kHz，而间接拉伸试验中，优势频率分布为60~80kHz及240kHz，这可能与岩体局部受压有关。在单轴压缩试验的加载过程中，优势频率集中在220~240kHz，但达到峰值应力75%以上时，低频成分较为显著（50~150kHz），特别是到峰值应力破坏时，低频成分事件数剧增，岩块中出现了大量裂缝，波传递过程中高频成分发生衰减，大裂纹所引起的低频率成分显著，声发射低频率成分较为显著，由此验证了Mogi等观察到的岩体破坏时出现大量低频信号的规律。

（4）从大岗山花岗岩不同应力阶段的声发射源分布变化来研究。可以看出，在最终破坏前的阶段，破坏面附近出现声发射集中情形。声发射源分布具有分形构造特征，而且随着荷载的增大，分形维数逐渐减小。

第6章 基于微震监测的波场特征及震源反演

6.1 微震监测信号的识别与去噪

6.1.1 监测信号的组成

地下工程微震监测所获取的信号较复杂，除微震基本信号外，还夹杂干扰信号。每种信号都有自己的频谱特征和传播规律，只有把各种信号的特点分析清楚，才能把微震波动的基本信号识别或分离出来，获取微震原始信号，从而准确分析微震分布规律。

地下空间开挖过程中的微震监测信号包含微震波信号和干扰信号，如爆破波、机械振动、运输车振动、电平信号和脉动信号等[97, 111]。

（1）岩体破裂弹性波，即微震波。工程岩体在开挖扰动下，薄弱处或裂隙处受到拉应力或剪应力，当应力过大时，岩体破坏或节理发生错动，产生弹性应力波，释放相应能量，引起岩体局部振动，并将应力波传递给传感器。此类信号是微震监测的主要信号，属有用信号，应重点保留。微震应力波形如图 6.1 所示。

（2）爆破应力波。大量的爆破施工会产生爆轰波。对于球形爆破，应力波主要引起岩体的拉伸与压缩，产生 P 波；由于岩层的不均匀性也可能使岩体沿节理面错动而产生剪切波，即 S 波。爆轰波能量较大，引起岩体振幅也较大；波动传播快，能量释放也快，频率往往大于 100Hz。现代爆破很多是分段进行的，爆轰波往往以序列出现。当然，在深部高地应力情况下，爆破还可能引起微震波，从而诱发新的潜在危险区域。爆破波可能引起多次的延迟或微震波，其频谱图不服从 Brune 模型假定。典型爆破应力波及引起的微震波形，如图 6.2 所示。

图 6.1　微震应力波形　　　　　　图 6.2　爆破应力波波形

（3）电源信号波。各种电源设备的使用和沿边墙布置的通信设施，均可能产生电平信号。此种信号频率比较固定，波形呈正弦分布，容易从其他信号中识别出来。

（4）运输机械振动信号。运输车辆开动，其振动信号由较小逐渐增大，然后又逐渐变小；与 P 波、S 波差别不明显，有时仅出现一种波形，因此不会出现纵、横波交替的情况。其信号波形如图 6.3 所示。

（5）脉动干扰信号。在微震监测信号中，还发现一些不规则信号，信号频率和振幅都不均匀变化，可能是由于设备搬运、敲击、设备安装等引起的信号，此类信号对微震信号干扰最大，需要重点研究其剔除方法。不规则信号的波形如图 6.4 所示。

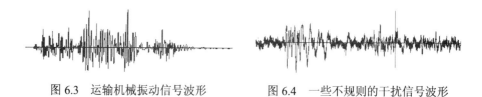

图 6.3　运输机械振动信号波形　　　图 6.4　一些不规则的干扰信号波形

6.1.2　微震波场的识别

微震监测系统获取更多的是体波，包括 P 波和 S 波。P 波为压缩波，振幅小，传递速度快，周期短。而 S 波为剪切波，携带的能量高，振幅大，传播速度稍慢，到达时间比 P 波晚。工程中部分岩体较为完整或均匀，出现拉张型破裂，则仅释放 P 波而无 S 波。有些岩体出现裂纹，引起位错滑移或剪切破坏，则释放 P 波和 S 波。在微震信号，监测过程中，很难直接判断出获取的信号是 P 波还是 S 波，但可以通过以下方法间接判断。

1. 微震权重因子识别法

微震 P 波为直达波，走时较快，最早被监测系统捕获，而 S 波为次达波，出现时间较晚，由此可以初步判断 P 波与 S 波。其次，权重因子 w 对噪声较为敏感，当噪声较小时，起震的波形较为明显，w 可以达到 0.85 以上。如图 6.5 所示，P 波的权重因子 $w=0.85$，表明 P 波定位比较准确。而当噪声水平较高，影响到地震波时，则 w 可能较小。因此，当调整首波到时位置，可以得到相对较大的权重因子，从而获取较为准确的波形到达时间。S 波的权重因子往往比 P 波小，S 波到达时往往 P 波已经到达，因此对 S 波质点震动有一定影响。在图 6.5 中，S 波的权重因子为 $w=0.36$，到时基本准确。由此可见，当波动信号较为简单时，或噪声影响较小时，可以采用权重因子来区别 P 波和 S 波。

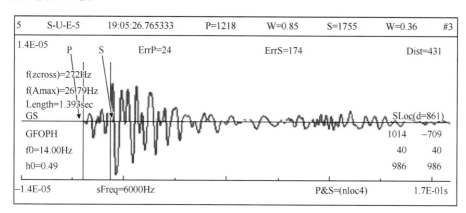

图 6.5　微震 P 波、S 波到时拾取

2. 微震波的能量差别识别法

一般来说，P 波释放的能量小，振幅小，S 波携带的能量大，振幅大，可以通过振幅来初步判断 P 波和 S 波。P 波到时引起的振幅较小，当 S 波到达时，振幅急剧增大，可以明显判断 S 波到达的时刻。因此，当 P 波到时位置确定后，可以通过能量与时间关系曲线来判别 S 波的到达时间。如图 6.6 所示，P 波携带的能量较小，S 波到达时，能量增加较大。

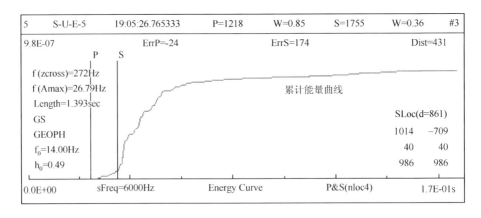

图 6.6　运用能量累积-时间关系拾取 S 波到时

3. 通过波的偏振方向来判别

　　微震波包括 P 波、SV 波和 SH 波，这三种波偏振方向相互垂直，可以通过求取各自的偏振方向来确定[103, 106]。若微震三分量数据分别为 $x(i)$，$y(i)$，$z(i)$，则其协方差矩阵为

$$\begin{bmatrix} \text{cov}(x,x) & \text{cov}(y,x) & \text{cov}(z,x) \\ \text{cov}(x,y) & \text{cov}(y,y) & \text{cov}(z,y) \\ \text{cov}(x,z) & \text{cov}(y,z) & \text{cov}(z,z) \end{bmatrix} \tag{6-1}$$

式中，cov 为协方差，对于 $x(i)$、$y(i)$ 的协方差，可按下式计算（E 为数学期望）。

$$\text{cov}(x,y) = E\left\{[(x - E(x)][y - E(y)]\right\} \tag{6-2}$$

　　对上述协方差矩阵求三个特征值（$\lambda_1 > \lambda_2 > \lambda_3$）以及特征向量 η_1、η_2 和 η_3，然后通过 Kanasewich（1981 年）提出的公式来计算线性偏振度 F，即 $F = 1 - \lambda_2 / \lambda_1$。当微震波为线性偏振时，偏振度 $F=1$；而微震波没有偏振时，偏振度 $F=0$。因此，可以将偏振度最大的点作为 P 波的初至点，但由于微震传播距离小，持续时间短，与后边的 S 波到时相差较小，有时也可以直接将最大特征值 λ_1 对应的点作为 P 波的初至点，用 λ_1 与 λ_2 的乘积的最大值所对应的点为 S 波的初至点。

　　P 波偏振方向与地震射线的方向一致，而 SV 波与 P 波的振动平面方向相同，但 SV 波振动方向与波传播方向垂直，SH 波偏振方向与 P 波、SV 波偏振方向垂直，也与波传播方向垂直。对均质岩层，上述三种波偏振方向是基本垂直的，可以通过偏振方向来区别 P 波和 S 波。当然，对于远震或复杂岩层，SV 波和 SH 波会受到地层传播速度和各向异性影响，上述三种波的偏振特征就有所不同。

6.1.3　微震信号的去噪

传统的去噪方法主要包括线性滤波方法和非线性滤波方法，如中值滤波和 Wiener 滤波等，其不足在于信号变换后的熵值有所增高，无法反映信号的非平稳特性，并且无法得到信号的相关性。由于小波变换具有低熵性、多分辨率特性、去相关性和选基灵活性等优点，因此现在更多的是采用小波变换解决信号去噪的问题。

小波去噪是通过小波变换，采用强制去噪和阈值去噪方法对信号中的噪声进行剔除。强制去噪就是将小波分解中的高频系数设为 0，即强制过滤掉高频成分，然后进行小波重构。强制去噪方法简单易行，得到的信号也比较平稳，但容易过滤掉信号中的有用成分。阈值去噪是通过默认阈值或给定阈值来限制信号频率通过的方法，可以通过经验公式来设定阈值，也可采用硬阈值或软阈值函数来计算阈值，所得到的阈值可信度较高，而且操作简单，去噪效果好，故能够适用于多数信号的去噪[175, 176]。

小波分析一般采用 MATLAB 程序进行分析。对于小波分解，可以采用 wavedec 和 wrcoef 来进行分解和系数重构。

[C，L]=wavedec（X，N，'wname'）；该函数返回信号 X 在 N 层的小波分解，'wname'是含小波名的字符串，输出包括含小波解向量 C 和相应的记录向量 L。

X=wrcoef（'type'，C，L，'wname'，N）；基于小波分解结构[C，L]，在 N 层计算重构系数向量，'type'为低频还是高频重构选项。

对于小波去噪，多采用阈值去噪方法，即通过 ddencmp 函数来获取去噪过程中的阈值（软阈值或硬阈值），然后通过取得的阈值来进行滤波和信号重构。

若采用全局阈值进行小波去噪，则使用 wdencmp 函数来实现，若采用信号的自动去噪，则选用 wden 函数来实现：

[THR，SORH，KEEPAPP]=ddencmp（IN1，IN2，X），该函数用于默认阈值标准确定，X 为原始信号，IN1 取值为'den'或'cmp'表示去噪或压缩；IN2 为选择小波或小波包，THR 为返回的阈值，SORH 为软阈值，KEEPAPP 表示保存低频信号。

XD=wdencmp（'gbl'，X，'sym8'，2，THR，SORH，KEEPAPP），该函数返回信号 X 的去噪或压缩后的信号 XD，gbl 为全局阈值，sym8 为 symlets 小波函数系，2 为阈值向量 THR 的长度。

[XD，CXD，LXD]=wden（'X，TPTR，SORH，SCALE，N，'wname'），该函数返回对信号 X 经过 N 层分解后的小波系数进行阈值处理后的去噪信号 XD 和信号的小波分解结构 CXD 和 LXD。

小波信号去噪的过程如下：

①选择小波基函数，确定分解层次并进行小波分解计算；

②选择合适的软、硬阈值方法确定阈值，对小波分解的高频系数进行阈值量化处理；

③根据小波的低频层系数和高频层系数与阈值进行小波重构。

微震信号为一维离散信号，其高频部分影响的是小波分解的第一层细节，其低频部分影响的是小波分解的最底层和低频层。

本书第 7 章所建立的微震系统获取的微震监测信号如图 6.7 所示。信号编号为：20110307-212155-118819-004-6000（此处 20110307 为年月日，212155 为时分秒，118819 为微秒，004 为第四个传感器，6000 为采样频率，下同）。

首先对该信号进行小波分解，采用对原始信号的多尺度逼近方式进行去噪。对于图 6.7 所示的微震信号，可以采用 MATLAB 程序进行信号分解，用 wavedec 命令实施，其中'wname'选择 db1 小波系函数，进行 5 层信号分解，即 N=5，并采用 wrcoef 命令进行各尺度的信号重构。所得的各尺度重构信号，如图 6.8 所示。尺度 1 上的噪声特征最为强烈，随着尺度的增加，噪声的影响逐步减小，到尺度 5 上基本没有噪声信号。这是一种典型的多尺度多分辨率逼近方法，能够在一定程度上进行微震信号去噪，此种方法去噪基本能保留原始信号特征，但信号不平滑，有一定的棱角。

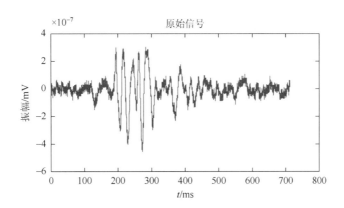

图 6.7　带噪声的微震原始信号

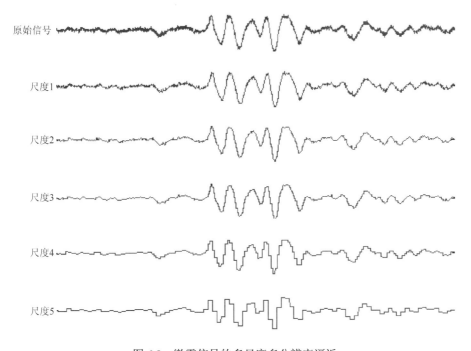

图 6.8　微震信号的多尺度多分辨率逼近

采用 wdencmp 函数，通过全局阈值去噪方法对图 6.7 信号进行去噪，去噪后信号见图 6.9。由图可以看出，采用全局阈值（即各层都用同一个阈值处理）方法，去噪效果不太好，还保留有局部的噪声信号影响。

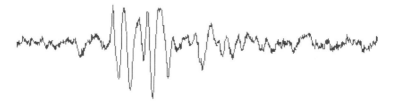

图 6.9　微震信号的全局软阈值去噪及信号重构

因此，可以采用局部阈值来进行噪声去除。采用 wden 函数给定局部阈值方式进行去噪的信号重构，如图 6.10 所示，选择 symlets 小波系，并分别采用 stein 无偏似然估计、启发式阈值、通用阈值 $\sqrt{2\lg N}$ 和极大极小阈值方法进行阈值选择。图 6.10（a）和图 6.10（b）所示为采用不同层的噪声估计来调整阈值，图 6.10（c）和图 6.10（d）所示为根据第一层的系数进行噪声层估计来调整阈值。

从图 6.10 中可以看出，采用无偏似然估计和极大极小值进行阈值选择不容易丢失信号中的有用信息，去除了较多的噪声，由此可以判定，对于信号高频部分在噪声很小时，可以采用无偏似然估计来选择阈值进行去噪。

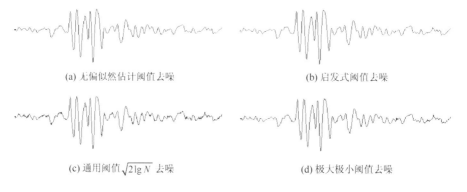

(a) 无偏似然估计阈值去噪　　　　　　　　(b) 启发式阈值去噪

(c) 通用阈值 $\sqrt{2\lg N}$ 去噪　　　　　　　　(d) 极大极小阈值去噪

图 6.10　不同局部阈值选择下去噪与信号重构

另一微震监测获取信号如图 6.11 所示，编号为 20120309-025617-319485-005-6000。该信号噪声较为明显，采用无偏似然估计进行去噪效果很好。

(a) 原始信号　　　　　　　　　　　　　　(b) 去噪后信号

图 6.11　微震监测信号的小波去噪与信号重构

6.2　微震信号的谱分析

6.2.1　信号的频率谱分析

微震监测过程中获取了大量信号。现取三种微震信号（MS）和一种爆破震动信号（BS）来进行分析，原始信号见图 6.12。信号编号分别为 20110125-115147-593489-007-6000 20110307-212155-118819-004-6000、20110307-180100-216796-002-6000 和 20120216-211507-610539-002-6000。分别简写为 MS-1、MS-2、MS-3 和 BS-1。

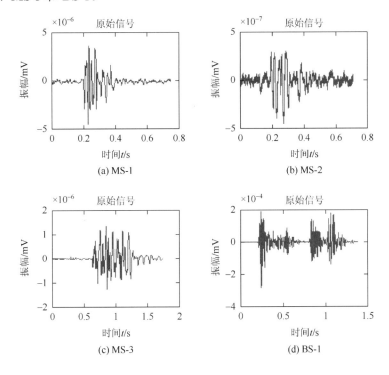

(a) MS-1　　　　　　　　　　　　　　(b) MS-2

(c) MS-3　　　　　　　　　　　　　　(d) BS-1

图 6.12　监测获取的微震信号和爆破信号谱

由于快速 Fourier 变换（fast Fourier transform，FFT）能够对有限长的离散信号进行频域分析，即获得包含各种频率及其振幅的信息，因此可以用来分析微震信号的频域特征。通过 FFT 得到的微震信号频率分布如图 6.13 所示。通过计算可得，三个微震信号（MS-1、MS-2、MS-3）的优势频率分别为 50Hz、39.2Hz 和 47Hz。爆破会释放大量能量，激发爆破波；而当爆破过后，周边岩体会产生微破裂，释放微震波。本爆破信号的优势频率有两个，即 96Hz 和 54Hz，可能分别是爆破本身的频率和激发的微震频率。

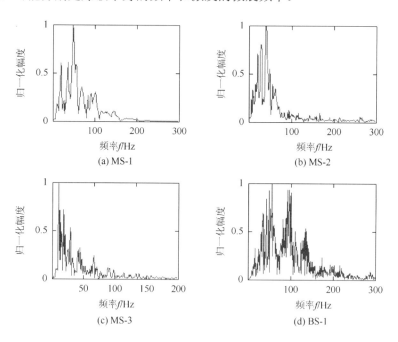

图 6.13　微震与爆破信号的频率谱

6.2.2　信号的时频谱分析

快速 Fourier 变换只在频域里有局部分析的能力，而在时域里无法分析频率，即无法分析各种频率产生的时间。因此可以用短时 Fourier 变换来分析各个时间段的频率。微震信号可以用 STFT 来分析信号在时间-频率域的特征[175,177]。将图 6.12 所示的微震和爆破信号进行短时 Fourier 变换，即可得到时间-

频率分布，如图 6.14 所示。

图 6.14 中采用等值线来绘制频率的分布，如同等高线一样，红色的最小圆圈对应的频率即为较大频率的值，可以看出信号在各个时间段的频率。如 MS-1 信号，优势频率大约为 50Hz，发生的时间约在 0.25s；而 MS-3 信号，频率集中在 20Hz 左右，发生的时间为 0.7～1.3s。对于爆破信号 BS-1，在 0.25s 时，出现 54Hz 和 96Hz 两个优势频率，在 0.9s 左右，产生一个 96Hz 的信号，在 1.1s 左右，产生一个 54Hz 的信号，表明在爆破波的作用下，岩体会发生多次震荡破裂，释放相应的微震波。特别是 0.6～0.8s 内无信号和频率发生，也证明了这几个频率是独立的。

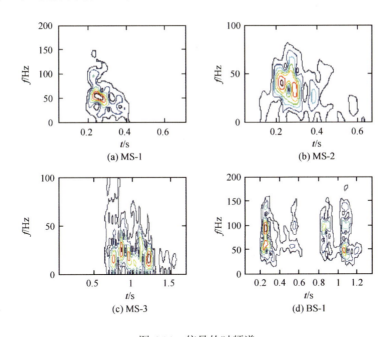

图 6.14　信号的时频谱

信号的瞬时相位如图 6.15 所示。由于爆破信号持续时间较短，衰减也较快，故爆破产生的各信号相位急促短暂且清晰明了[177]。由于岩体应力调整时间较长，裂纹生成和扩展时间也相应较长，因此微震信号衰减缓慢，各震相相位混合较为明显。

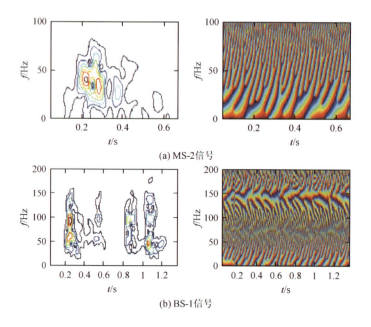

(a) MS-2信号

(b) BS-1信号

图 6.15   信号的瞬时频谱和瞬时相位

6.2.3   信号的能量谱特征

1. 小波分析能量谱方法

（1）小波包频带及能量。选择合适的小波基函数，对信号进行小波分解和重构，并提取信号的能量特征，将其与频率谱对应，就可以分析在不同频率范围内信号能量的大小和比例，从而分析出微震信号的能量谱特征。

对微震信号 $S(t)$ 进行小波分解，得到相应的小波系数，根据小波系数来对微震信号进行反馈和重构，同时对能量谱和时频谱进行关联，就能得到微震信号的特征[116]。

$$S(t) = \sum_{j=0}^{2^i-1} f_{i,j}(t_j) = f_{i,0}(t_0) + f_{i,1}(t_1) + \cdots + f_{i,j}(t_j) \qquad （6\text{-}3）$$

式中，$f_{i,j}(t_j)$ 为小波包分解到（i, j）节点上的信号重构，其中 i 为小波分解层数，$j = 2^i - 1$（i=1, 2, 3, 4, $\cdots$；j=1, 2, $\cdots$, 2^i-1）。若对信号进行 5 层小波分解，则可以将信号分解成 2^5 个等间距、互不重叠而又覆盖原始信号整个频段

（wd，wg）的分量信号，其中每个频带宽度为 $\Delta w = (wg - wd) / 2^i$。

小波变换所获取的重构信号 $f_{i,j}(t_j)$，对于第 i 层重构信号，每个频带的能量为 E_j，每个离散点的幅值为 $x_{j,k}$，则每个频带能量可以按下式计算：

$$E_j = \int_T \left|f_j(t_j)\right|^2 \mathrm{d}t = \sum_{k=1}^n \left|x_{j,k}\right|^2 \tag{6-4}$$

式中，n 为采样点数；k= 0, 1, 2, 3, $\cdots$, n。则该层的总能量为 $E = E_0 + E_1 + E_2 + ... + E_{2^i - 1}$。

一般选择各频带能量所占该层总能量的百分数来表征该频带能量的大小。所占百分比越大，表明该频带的能量越强。

（2）小波频带能量分析方法。对于常规的微震信号，能量获取和分析的步骤为[178, 179]：①选择合适的小波基函数，进行信号的小波分解；②对最高层从低频到高频各频带小波包分解系数进行重构；③提取各频带重构信号能量以及总能量；④选择合适的分析频带范围，分析能量在各频带的分布特征，对信号频率与能量特征综合分析。

2. 微震信号的能量谱特征

对于图 6.12 所示的原始信号，进行各频带的能量分析。选择 db3 小波包函数，其采样频率均为 6000Hz，可以取小波分解层数为 8，则第 8 层小波可以分解成 2^8 (256) 个频带。

前面 20 个子频带分布范围和各频带能量百分比，见表 6.1。由于微震信号频率小于 200Hz，爆破信号频率大多小于 400Hz，故仅分析 0～400Hz 或以下范围内各频带的能量分布。

表 6.1　各频带及能量分布

子频带号	频率范围/Hz	能量百分比/%			
		MS-1	MS-2	MS-3	BS-1
$S_{8,0}$	0～11.71875	4.08	3.86	9.24	0.17
$S_{8,1}$	11.71875～23.4375	7.87	8.77	56.73	1.41
$S_{8,2}$	23.4375～35.15625	27.27	21.59	7.65	11.88

续表

子频带号	频率范围/Hz	能量百分比/%			
		MS-1	MS-2	MS-3	BS-1
$S_{8,3}$	35.15625～46.875	5.67	21.35	16.33	2.98
$S_{8,4}$	46.875～58.59375	8.06	0.30	0.68	17.59
$S_{8,5}$	58.59375～70.3125	3.57	2.93	1.95	10.09
$S_{8,6}$	70.3125～82.03125	28.94	27.59	2.39	13.70
$S_{8,7}$	82.03125～93.75	7.44	5.83	2.23	10.28
$S_{8,8}$	93.75～105.46875	0.01	0.11	0.03	0.23
$S_{8,9}$	105.46875～117.1875	0.03	0.08	0.08	0.65
$S_{8,10}$	117.1875～128.90625	1.41	0.41	0.36	1.89
$S_{8,11}$	128.90625～140.625	0.09	0.27	0.22	0.53
$S_{8,12}$	140.625～152.34375	0.48	0.38	0.67	10.96
$S_{8,13}$	152.34375～164.0625	2.22	0.66	0.58	2.76
$S_{8,14}$	164.0625～175.78125	0.34	0.88	0.15	4.70
$S_{8,15}$	175.78125～187.5	1.59	0.45	0.32	5.68
$S_{8,16}$	187.5～199.21875	0.00	0.04	0.00	0.00
$S_{8,17}$	199.21875～210.9375	0.00	0.02	0.00	0.00
$S_{8,18}$	210.9375～222.65625	0.02	0.03	0.00	0.02
$S_{8,19}$	222.65625～234.375	0.003	0.041	0.001	0.002

　　各信号前面 20 个频带能量分布和频率分布如图 6.16 所示。每幅图左边为各频带能量占总能量的百分比，右边是各频带对应的频率，可以看出各频率段对应的能量分布。对于 MS-1 信号，能量主要分布在第 0～7 频带，频率范围为 0～93.75Hz，占总能量的 92.89%，其中频率为 30Hz 左右和 79Hz 左右的能量最大，分别占总能量的 27.27%和 28.94%。对于 MS-2 信号，能量主要分布在 0～93.75Hz，占总能量的 92.21%。对于 MS-3 信号，能量主要分布在 0～46.875Hz，占总能量的 89.95%。在第 2 频带内，能量占 56.73%，成为主要的能量分布频带。对于爆破震动信号 BS-1，能量除 0～7 频带占 68.09%外，频率在 140.6～187.6Hz 内能量占 24.1%。

　　将以上四种信号汇总，如图 6.17 所示，可以看出，主要能量集中在 0～7 频带内，而爆破信号能量还集中在第 12 频带内（140～152Hz）。

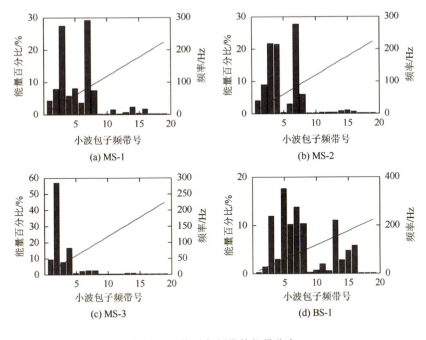

图 6.16　信号各频带的能量分布

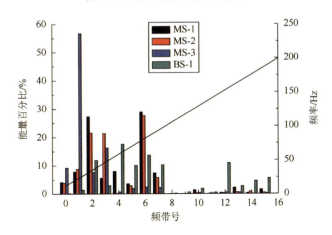

图 6.17　各个信号各频带的能量分布汇总

通过信号的能量分析，可以对微震监测所得信号进行有效识别。由于 P波所携带的能量较少，而 S 波携带的能量较大，因此可以通过能量的突变来获取 S 波的到时。同时，选择合适的小波包函数、滤波阈值、信号重构以及合理的能量分析方法，结合工程施工、围岩特性和工程地质条件等，就可以更加准确地识别微震波的特征和规律。

6.3 微震信号传递的震源信息反演

6.3.1 微震震源机制分析方法

为了更好地分析微震波产生机制，需要分析微震释放点或区域的受力及位移情况，才能从力学角度研究不同应力状态下岩体的变形情况。将微震的波形特征、岩体受力和变形特征结合起来，就能从本质上揭露不同地质状况、受力和破坏状况下微震震源的变化特征。

微震机制解的研究就是获取两组力学参数，包括断层的基本参数和应力轴参数，其中断层参数包括倾向、倾角和走向，应力参数包括最大、最小和中等主应力轴的产状和方位，从而揭示断层的类型和在震后断层的运动情况[150]。微震震源机制与地震震源机制解的表达方式一样，均是采用震源球来表示。震源球可以表示压缩和膨胀象限，而且能获得两个通过震源且相互正交的平面，通过确定这两个平面和震源球相交的两个大圆的水平投影就能确定震源机制解。

画出震源球的下半球，把压缩象限画为阴影（推或压缩为 C，拉伸或膨胀为 D），阴影区表示 P 波射线从震源向下离开震源，向外的初动在接收器上产生向上的初动，而非阴影区会导致接收器上产生向下的初动，如图 6.18 所示。拉张轴（T）在阴影区（压缩象限）中部，压缩轴（P）在非阴影区（膨胀象限）中部。拉张轴在压缩象限，是由于在这种情况下，压缩归因于 P 波初动指向朝外。用"沙滩球"的中部是白色还是黑色来识别是正断层还是逆断层：如果中部是白色的且有黑色的边缘，那么就表示正断层和可能的拉张区；反之，中部是黑色的且有白色的边缘，则表示逆断层或逆冲断层和可能的压缩区。断层的走向和倾角等信息也可以从沙滩球上解出。

正断层主要是受拉压应力而释放 P 波，受拉部分为负向，首波振幅向下，受压部分为正向，首波振幅向上，如图 6.18（a）所示。逆断层以受剪切力为主，释放 S 波。由于断层破坏要对多个端面进行剪切，导致岩体爬坡，因此释放的能量较大，如图 6.18（b）所示。

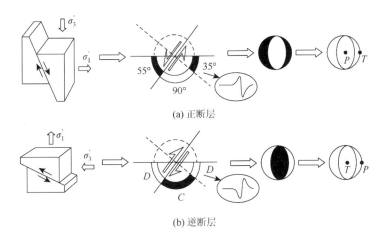

(a) 正断层

(b) 逆断层

图 6.18　正、逆断层的沙滩球、首波方向示意图

6.3.2　震源反演与断层面解

大岗山水电站地下厂房监测所得到的微震波形，如图 6.19 所示。该监测系统采用 8 个传感器，图中仅列出其中的两个传感器所采集的波形。所采集的震动波形曲线反映了微震监测点的 P 波、S 波传播的时间差异，同时也能通过多个传感器采集数据来解译该微震震源机制及断层分布。

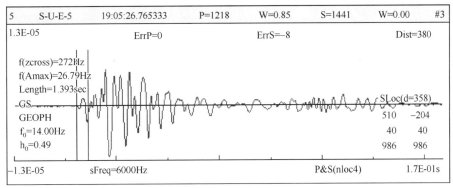

(a) 单轴传感器实测数据

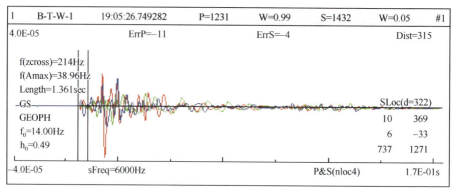

(b) 三轴传感器实测数据

图 6.19　大岗山水电站实测微震振动曲线图

通过南非 IMS 公司的 JMTS 软件可以得到震源机制解和断层分布图。沙滩球表示的震源机制解如图 6.20 所示，可分别得到矩张量分量和主应力轴方位。矩张量向 S（南）、W（西）、D（下）三方向分解，此分解坐标由微震监测系统所确定，并由传感器的位置坐标来体现。

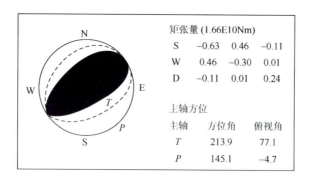

图 6.20　实测微震信号的矩张量及应力主轴

同时，矩张量可以分解为各向同性张量和偏张量。图 6.21 所示实测微震信号的矩张量中，各向同性张量占 32.1%，偏张量占 67.9%。

通过所监测的微震波动信号分析出的两个可能断层，包括断层走向、倾向和倾角，如图 6.22 所示。由此可以通过监测信号来反馈微震波动的断层面影响。

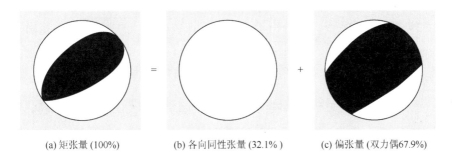

(a) 矩张量 (100%)　　　　(b) 各向同性张量 (32.1%)　　　　(c) 偏张量 (双力偶67.9%)

图 6.21　实测微震信号的矩张量分解

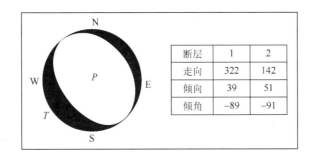

断层	1	2
走向	322	142
倾向	39	51
倾角	−89	−91

图 6.22　微震震源的断层面解

6.4　本章小结

本章根据大岗山水电站地下厂房的微震监测系统中获取的微震信号进行识别、去噪,并分析时频、波谱以及震源信息反演,从而得到微震波场特征和震源分布情况,解决微震信号的识别和去噪等技术问题。主要工作和结论如下。

(1) 微震监测采集的信号包括岩体破裂释放的微震信号以及一些噪音信号,如爆破波、电源信号、机械运输信号和脉动干扰信号等。

(2) 可以从权重因子、能量差别和偏振方向来识别 P 波、S 波的信号差异。权重因子跟噪声与波的到时有关,当噪声干预较小时,准确确定 P 波或 S 波的权重就较大;S 波携带的能量远大于 P 波能量,可以通过能量的瞬间变化来获取 S 波的时间定位。P 波、SH 波和 SV 波的偏振方向相互垂直,可以通过线性偏振度来判断 P 波的方向,然后通过信号协方差矩阵的特征值来判别波的偏振方向,从而区别出三种波形。

（3）采用小波去噪方法分析了不同阈值对微震信号的去噪效果，指出采用无偏似然估计阈值和极大极小阈值方式去噪能够保留信号的有用信息，可以用于微震信号的去噪。

（4）采用 FFT 来研究微震信号的频率分布，分析了三个典型微震信号和一个爆破信号。发现微震信号优势频率均在 60Hz 以下，而爆破本身会释放大量能量，激发爆破波。而当爆破过后，周边岩体可能会产生微破裂，释放微震波。因此，此处爆破信号的优势频率有两个，包括 96Hz 和 54Hz，这可能是爆破本身的频率和由其激发的微震频率。

（5）采用 STFT 来分析微震信号的时频特征，不同信号的优势频率出现的时间不同，微震信号仅一个主震频率，而爆破信号除了一个主震波外，还出现多次的余震波，从各个震型之间可由的时间断点可以判断出来。

（6）采用提取小波包各子频带的能量方法来分析不同频率所占的能量比，从而分析主要能量所在的频段。微震信号的主要能量分布在 100Hz 以下，占总能量的 90%以上。而爆破信号除高频信号有一定的能量分布外，引发的低频信号能量也占有一定的比例。

（7）采用沙滩球和首波初动等方式来研究震源矩张量，并对各项同性张量以及偏张量进行分解；同时对震源中的断层分布方位进行了分析，获取了岩体在滑移或破坏过程中的断层面分布。

第7章　微震监测实施与微震活动规律研究

7.1　微震监测系统的布置与优化

7.1.1　工程地质概况

大岗山水电站位于四川西部大渡河中游四川省石棉县境内。该水电站是大渡河干流近期开发的大型水电工程之一，最大坝高约210m，总库容约7.42亿 m^3 ，电站装机容量2600MW。大岗山地下厂房系统由主厂房、主变室、尾水调压室三大地下洞室组成，三大洞室左岸平行布置，垂直埋深390～520m，水平埋深310～530m，厂房总长226.58m。

大岗山区域地质构造及地震地质背景复杂，工程区位于扬子准地台西部康滇地轴，为多组断裂构造交汇部位，新构造活动较强烈。坝址距磨西断裂约4.5km、距大渡河断裂约4km，其区域构造稳定性对工程建设影响较大。该水电站坝址50年超越概率10%基岩水平向峰值加速度为0.251g，相应地震基本烈度为Ⅷ度；100年超越概率2%基岩水平向峰值加速度为0.557g。

大岗山地下厂房洞室围岩以澄江期灰白色、微红色中粒角闪黑云二长花岗岩（γ24-1），局部有辉绿岩脉（β）、玢岩脉（μ）、花岗细晶岩脉（γι）、闪长岩脉（δ）等各类脉岩穿插发育于花岗岩中，尤以辉绿岩脉分布较多，它们与围岩接触关系主要有焊接式接触、裂隙式接触和断层三种类型。厂区岩体新鲜较完整，呈块状-次块状结构，岩块嵌合紧密，较大规模的软弱结构面有 f_{57} ， f_{58} ， f_{59} 和 f_{60} 等断层穿过厂房洞群区。

地下厂房轴线为NE55°，与近SN向陡倾角裂隙斜交。根据围岩分类，主厂房、主变室、尾水调压室以Ⅱ、Ⅲ类围岩为主，洞室围岩整体较稳定。陡、缓倾角裂隙密集带及辉绿岩脉破碎带局部发育，为Ⅳ、Ⅴ类围岩，对局部洞段的围岩稳定不利，需采取支护处理措施。局部地段地下水呈股状渗出，需采取相应的疏排措施。局部洞段可能发生岩爆，对围岩稳定不利，需采取防护措施。但尚有几条断层和岩脉穿过，局部洞室顶拱第⑤组缓倾角裂隙发育，对顶拱稳定不利；与洞室轴线斜交的近 SN 向陡倾角裂隙发育，对高边墙稳定不利。

7.1.2　微震监测目的与区域选择

大岗山水电站地下厂房围岩以 II 类为主，地应力水平较高，岩脉发育，与洞室走向近于平行的缓倾角和陡倾角长大结构面也很发育（如图 7.1 所示）。地下厂房系统开挖施工过程中的很多问题与此相关。2008 年 12 月 16 日，厂房顶拱塌方即为典型一例，塌方出现在副厂房，桩号约 0+140，系 β_{80} 辉绿岩脉断层在顶拱的出露部位且偏向上游一侧。引起塌方的直接原因是爆破作业，根本原因是岩脉断层 β_{80} 的性状较差。β_{80} 与围岩的两个交界面早期均受构造运动影响发生了强烈的错动，接触带糜棱化严重，同时地下水较为

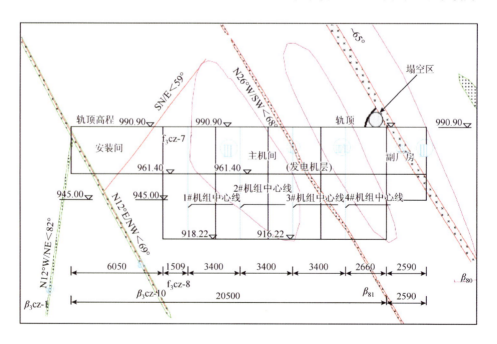

图 7.1　地下厂房轴线工程地质横剖面图

丰富，局部已经形成断层泥，如图 7.2 所示。塌方后，相关各方采用型钢肋拱等对顶拱进行了加固处理，并补充安装了常规监测仪器。从加固后塌空区的监测结果表明，β_{80} 塌方区域尚未稳定。塌方区的变形以深部变形为主，而非塌方区的变形则以浅部变形为主，但是深部变形仍处于缓慢发展之中。

(a) 拱顶塌方　　　　　　　　　　　(b) 断层错动擦痕

图 7.2　岩脉断层处的拱顶塌方区及断层面擦痕

地下厂房系统岩脉断层较为发育，性状均较差（除 β_{80} 外，β_{81} 等岩脉断层贯穿主厂房、主变室和尾调室等三大洞室），三大洞室邻近岩脉断层部位的多点位移计变形量级均较大，且收敛性差。从前期的塌方实例来看，仅仅依靠现有的监测手段对于监控深部塌空区的稳定性是不够的。为确保施工与运行期安全，除加强开挖质量控制和局部加强支护外，补充微震监测措施，弥补常规监测手段的不足十分必要。

微震监测系统建立区域的选择主要考虑地下厂房塌空区的围岩稳定性，其次是兼顾整个地下厂房在开挖施工过程中围岩稳定性。因此，需要在地下厂房周边布置微震传感器，以获取地下厂房围岩微震数据，分析地下厂房塌空区围岩稳定性以及厂房的整体稳定性。微震监测分析的主要区域，见图 7.3 中的矩形框部分。

7.1.3　微震监测系统布置与优化设计

1. 微震监测系统布置

微震监测系统分为地面控制存储系统和地下监测系统。地下系统包括传感

器、数据采集器 GS、GPS 授时器和传输协议转换器等，采集的数据通过通讯转
换将其传输到地面。地面系统包括控制软件硬系统、存储系统、远程传输系统，
能对地下系统进行控制、授时、诊断和报警等。该系统可以进行 24 小时无人值
守和不间断的实时数据监测，并通过互联网进行远程控制，如图 7.4 所示。

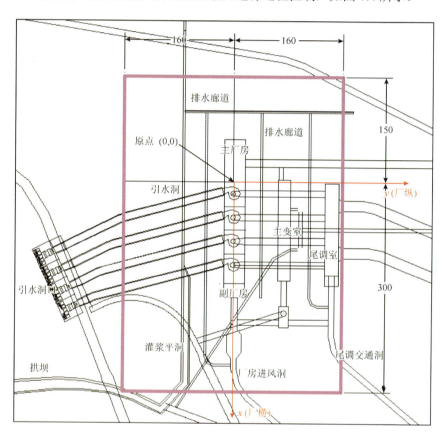

图 7.3　微震监测区域位置图（图中框内区域）

　　整个监测系统在 TCP/IP 网络框架下实现数据传输及远程控制。传感器感
知信号后统一发送到数据采集器 GS 中，并通过传输协议转换器 MR485 由时
间同步服务器 Equinox 分配时间序列，DSL 把信号数据传回办公室服务器，服
务器控制、分发采集的数据，并完成数据通信交换。整个网络由 RTS 服务器
控制，包括数据采集、授时服务、数据接口转换、数据存储、系统自检和系统

控制等。运行的关键是各种设备的网络 IP，服务器计算机通过访问各种设备的 IP，发送相应命令，对设备进行实时控制。通讯接口包含 RJ45、RS232、RS485 和 ADSL 等，整个网络实施了多种数据接口的转换，使系统适应不同设备及其接口之间的连接。同时，服务器开通 22 端口，给远程控制与访问提供了方便，实现监测数据与远程服务器实时备份，并远程控制微震监测系统。

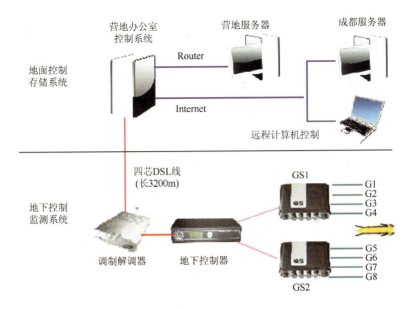

图 7.4　微震系统的总体设计

2. 传感器的三维立体布置

　　传感器的布置不仅要考虑监测系统的性能，还要考虑地下厂房安装的条件，并能结合监测任务要求进行。据此，在地下厂房上层排水廊道内布置 4 个监测断面、8 支传感器。传感器平面、三维布置如图 7.5 和图 7.6 所示。由图可知，传感器从塌方位两侧环抱塌方区，分别布置于主厂房上、下游侧，通过仪器安装孔位的倾角以及深度，有效布置传感器位置可以使其更接近塌方区。其中 1#和 6#为三轴传感器，可以从 3 个方向监测地下厂房区域的岩体微地震情况；1#、3#、6#和 8#传感器为内部传感器，打孔至一定深度埋设；2#、4#、5#和 7#为表面传感器，直接将传感器贴于岩体表面。传感器的合理布置能很好地监测地下厂房及其塌空区岩体的变形以及产生的微震信号，从而合理地对岩体稳定性进行评价。

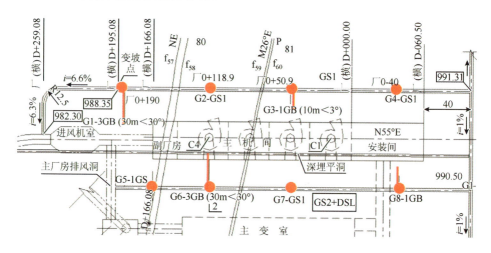

图 7.5　传感器平面布置图（红色图点为传感器）

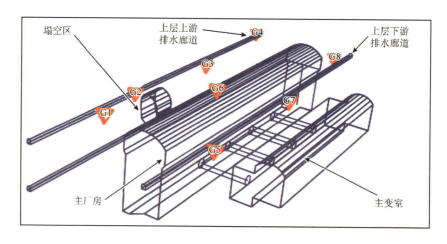

图 7.6　传感器埋设位置立体示意图（G1-G8）

3. 数据采集与控制

采用两台 12 通道的高性能数据采集器 GS 布置在上游和中游排水廊道中，分别连接 1 个三轴和 3 个单轴传感器。南非微震数据采集器 GS 有标配智能式全电子电路和不间断电源 iUPS，可供 GS 运行约 120min，以保证直流电的稳定，避免电流变化过大和噪声、浪涌等对数据采集器的影响。考虑到施工现场电源电压不稳以及有停电可能，为保证数据安全另外增加一套山特牌 UPS，该 UPS 可持续为 GS 供电 10 小时，同时有效保护电压跳跃等不利因素对微震设备的损害。

建立在 OPENSUSE 平台上的微震系统控制软件为 RTS。RTS 起到系统的控制作用，执行数据采集功能并进行在线错误诊断。系统状态监视器为用户提供系统运行状态报告，当系统运行超出正常状态时，软件具有向操作人员提供报警并生成报告的功能。登录软件可以对监测系统进行远程控制，并对系统运行、文件处理进行实时管理和监控。

4. 微震监测系统的优化

结合大岗山施工现场具体条件，设计了通讯方案以及传感器安装方法，全部安装调试完成后进行了试运行。在试运行期间，针对现场不利条件，因地制宜提出可行的优化方案，优化后的微震系统具有以下几个优点。

（1）系统安全。增加光电转换器，有效防雷、防浪涌；扩大传感器电缆与电源线距离，避免信号干扰；服务器设置自动报警系统。

（2）数据安全。自采式 U 盘存储原始数据；服务器整列硬盘，双重备份；自动同步至成都服务器进行数据备份。

（3）数据远程控制。基于 TeamView 远程桌面登录，实现远程控制服务器；基于 Putty 实现监测数据实时显示。

7.2　微震活动时空演化及其分形特征

7.2.1　微震活动的时空分布规律

1. 微震事件的时间分布

微震事件随时间的分布特征，如图 7.7 所示。地下厂房区域共接收到 1304 个微震事件。其中 2011 年 3～5 月微震事件最多，其它时间段微震事件相对较少。2011 年 3～5 月微震事件剧增，这跟地下厂房的集中开挖有关，特别是在 4 月份，施工方为赶进度，进行了大规模厂房开挖，从而使该月微震事件数达到最大的 373 件。2012 年 1 月之后，随着开挖的逐步完成，洞室围岩产生的微震事件逐步减少，表明岩体逐渐趋于稳定。

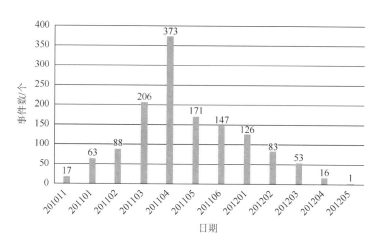

图 7.7　地下厂房区域微震事件数按月统计图

2. 微震事件的空间分布

　　微震事件空间分布如图 7.8 所示，微震事件主要分布在主厂房顶部区域，存在一条片状分布带，说明微震事件主要在地下厂房拱顶所处的水平区域一带。在厂房顶部发现水平片状分布事件，在塌空区前段也有部分集中的情况。由此说明厂房上部区域和塌空区受到工程施工影响而出现较多的微震事件，且出现了类似断层活动迹象的微震事件分布情况。厂房顶部靠近塌空区位置有微震事件的密集分布，需要进一步分析微震事件的分布位置、震级强度和能量释放等。

3. 微震事件的震级分布

　　微震震级的空间分布见图 7.9。从图中看出，震级主要集中在–4.0～0.0，震级最大值为 1.28，最小为–5.58，主要分布在厂房周围区域，未见过于集中的区域。微震大事件主要分布在厂房的下部区域，特别是震级大于 0.8 的大事件基本上分布在地下厂房下部较远区域，对厂房和塌空区稳定性无大的影响。

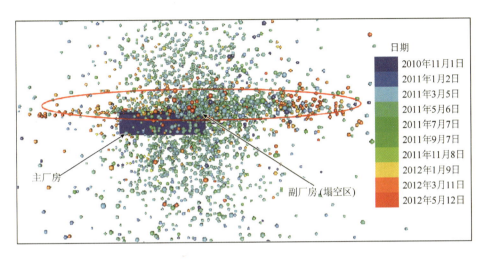

图 7.8　监测区域微震事件空间分布图

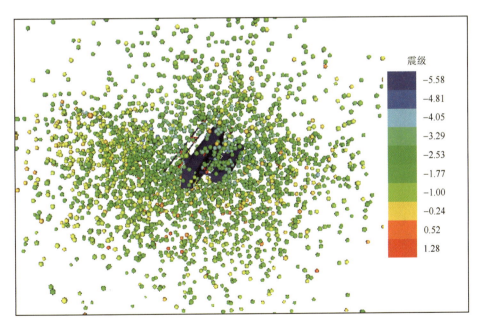

图 7.9　监测区域微震震级的空间分布

注：小球体代表微震事件，其颜色代表震级相对大小。

7.2.2　微震活动的时间分形特征

　　分维数理论已被引入到地震学研究中，并为非线性地震学提供了很好的定量表示方法。洪时中[180]、李海华[181]、刁守中[182, 183]和李诈泳[184]等研究了地震时间分维数在地震来临前有减小的特点，发现了强余震的时间分维低于后续的余震序列，其研究结果充实了地震学的研究方法。国内部分学者将分形理论运用于微震的研究中[185-189]，李玉[185]研究了门头沟煤矿在冲击地压（矿震）发生前微震活动的时间分形特征，指出了在冲击地压来临时分维值降到了一个低于 0.5 的水平值。

　　时间分维的计算采用标度变换法[180, 181]。将研究的时间段作为一个标准时间，然后将该时段按照越来越小的时间标度 $s(s=1, 1/2, 1/2^2, \ldots, 1/2^{n-1}, \ldots)$ 来度量，分别取有微震的时段 $N(s)$，绘制 $\lg(N)$-$\lg(1/s)$曲线，中间一段线性的斜率就是分维数 D。要求在"无标度区"研究分维数，即斜率不为 1 的线性区域或是非曲线区域，其值 D 一般用最小二乘法计算，也可以由下式计算：

$$D = \lg(N) / \lg(1/s) \tag{7-1}$$

　　地下厂房监测区域范围内的微震事件在不同时段内的时间分维数，如图 7.10 所示。该区域共接收到微震事件 1304 件，按照每 100 个微震事件为一组研究对象，所对应的时间为研究单位时间，然后按照上述方法采用标度变换法进行分析，分别获取在该时间段的分维数。

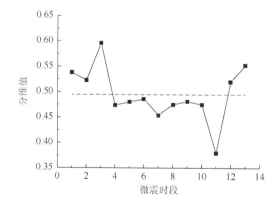

图 7.10　地下厂房不同时段微震活动的时间分维数

　　其中第一组为 2010 年 11 月 4 日至 2011 年 2 月 18 日，第二组为 2011 年 2 月 19 日至 2011 年 3 月 4 日，第三至第十三组分别为 2011 年 3 月 22 日、2011 年 4 月 3 日、2011 年 4 月 10 日、2011 年 4 月 14 日、2011 年 4 月 21 日、2011 年 5 月 8 日、2011 年 5 月 22 日、2011 年 6 月 15 日、2012 年 1 月 8 日、2012 年 2 月 19 日和 2012 年 4 月 23 日。其中第三组时间分维为 0.596，而第四组迅速降为 0.474，表明有微震大事件发生；随后的分维数较为平稳，表明岩体变形不大。而在第十一组时分维值又有一个显著的降低，表明此处可能发生微震大事件；随后微震事件的时间分维数又有所上升，表明在其后的时间段，随着地下厂房开挖的完成，加固措施到位后，岩体逐渐趋近于稳定。

　　因此，从时间分维特征的变化可以看出微震事件经过一定的累积，有较强的分形特征，而且分形维数的下降规律与发生强地震降维过程是一致的。所以可将分形理论运用于微震事件的时空分布研究中，从而将微震事件对岩体稳定性和微震大事件结合起来，对岩体稳定性进行预报。

7.2.3　微震活动的空间分形分析

　　国内将空间分形理论运用于微震研究的有唐礼忠[186]、袁瑞甫[120]、朱权洁[187]、董超[188]和尹贤刚[189]等。唐礼忠采用了广义关联函数来定义多重分维，研究了冬瓜山铜矿微震分布的分形特征，指出了微震分形可以用于微地震的预测。袁瑞甫研究了采集平煤十一矿中煤柱型冲击地压微震分形特征，指出在大矿震发生前其空间分维值将会持续下降，并在大震前持续降低到某个临界值以下。尹贤刚研究了柿竹园矿的微震空间分维特征。朱权洁与董超将分形运用于微震波形识别与特征分析中。

　　本节采用盒维数方法来计算微震事件的分维值[189]。根据棱柱体覆盖法计算原则，假设棱柱的长、宽、高分别为 c、b、a，则棱柱体中所包含的微震事件数与棱柱尺寸之间的关系为

$$M_{(r)} \propto abc \qquad\qquad (7\text{-}2)$$

若假定棱柱边长与其长边的比值为 m_1 和 m_2，即 $m_1=b/a,m_2=c/a$，令 $m=m_1m_2$，则上式可以表示为 $M_{(r)} \propto ma^3$，若服从分形分布，则有

$$M_{(r)} = ma^D \qquad\qquad (7\text{-}3)$$

两边取对数，可以得到

$$\lg(M_{(r)}) = \lg m + D\lg a \qquad\qquad (7\text{-}4)$$

在双对数坐标中绘制 $\lg(M_{(r)})$–$\lg a$ 曲线，若该曲线有较好的线性相关性，即曲线为一直线，则该直线的斜率即为分维值 D。分维值也可以采用最小二乘法求得。

微震监测系统监测到的微震事件空间分布如图 7.11 所示。总体来说，微

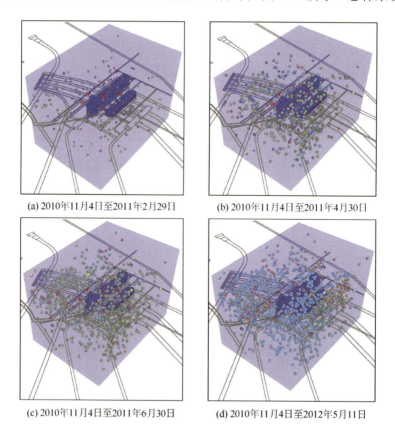

(a) 2010年11月4日至2011年2月29日　　　　(b) 2010年11月4日至2011年4月30日

(c) 2010年11月4日至2011年6月30日　　　　(d) 2010年11月4日至2012年5月11日

图 7.11　地下厂房区域各时段微震的空间分布

震事件数随时间增加而呈增长趋势。其增长的速度在各个阶段不一样，在 2011
年 3 至 5 月，微震事件增长较为迅速，而在 2012 年 1 至 5 月，微震事件增长
较为缓慢。从空间分布来看，微震事件没有集中分布在某一个部位，因此可以
初步判断整个监测区域没有潜在的危险区。

微震事件在不同时间段的空间分形特征如图 7.12 所示。其中地下厂房的
研究区域为 450m×320m×300m，则取最大半径为 $a=300m$，然后按照长方体
边长为 20m、40m、60m、⋯、300m 的方式增加，其他边长按照相应比例增加，
可以获得在不同的边长 a 下的微震事件数 $M(a)$，按照最小二乘法原理，求得
空间分维值 D。图 7.12（a）表示在 2010 年 11 月 4 日至 2011 年 3 月 11 日时
段内微震事件的空间分维值，其值为 2.6875。随后各时段的空间分维值分别为
2.2030、2.4144、2.3954、2.4584 和 2.5842，其值有增有减。

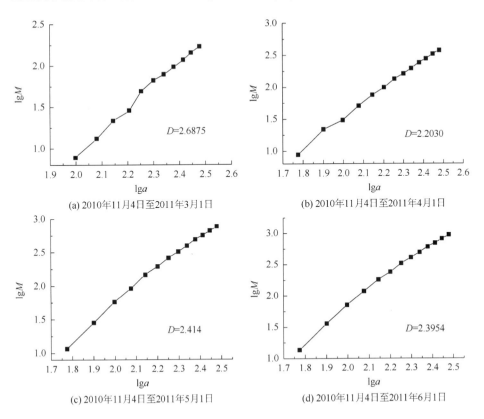

(a) 2010年11月4日至2011年3月1日

(b) 2010年11月4日至2011年4月1日

(c) 2010年11月4日至2011年5月1日

(d) 2010年11月4日至2011年6月1日

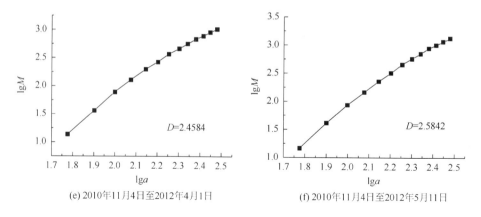

(e) 2010年11月4日至2012年4月1日　　　　(f) 2010年11月4日至2012年5月11日

图 7.12　地下厂房区域各时段微震空间分形特征

　　如图 7.13 所示，微震事件在监测初始时空间分维值较高，而在 2011 年 4 月 1 日之前，空间分维值急剧降低至最小值（2.203），然后空间分维值逐步上升，到监测结束时达到 2.5842。由于厂房经过几年的开挖，特别是 2011 年 3 至 5 月进行大规模开挖，在 2012 年 4 至 6 月开挖基本完成，因此，这与分形维数有较好的一致性：当开挖规模较大时，岩体不稳定，其分维值较低，而当开挖逐步完成后，其支护结构已经发挥作用，特别是厂房上部结构已经逐步趋于稳定。因此，当开挖结束后，其分维值也上升至一个较为平稳的值。

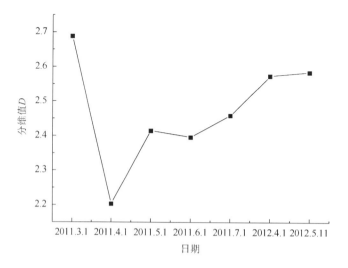

图 7.13　微震事件在不同时段的空间分维数变化

7.3 本章小结

本章对大岗山水电站地下厂房微震监测系统进行了优化设计和布置,并对其微震时空分布特点和时间、空间分形特征进行了分析,指出了水电工程微震监测的方法、步骤和微震活动的基本分布规律。

(1)针对地下厂房塌空区的实际情况,选择合适的微震监测区域,优化布置监测方式,设置空间三维传感器矩阵,建立微震监测的硬件和软件系统,实时传输控制系统以及远程遥控系统等,对整个地下厂房区域进行了一年多的微震监测,获得了大量数据。对地下厂房微震监测数据进行了初步分析,并获取了微震活动的时间、空间、震级的分布规律。

(2)采用标度变换法进行时间分维分析,将监测时间段内重点时段的微震活动进行时间分维计算,发现在微震大事件即将发生时,总会有时间分维数降低的现象,而随着开挖进程的逐渐结束,时间分维数又进一步提高,表明岩体逐渐稳定。

(3)采用长方体盒维数方法对微震活动进行空间分维分析,同样发现在厂房开挖的后期,空间分维数逐渐上升,岩体逐渐稳定。而在开挖的前期,空间分维数急剧下降,表明岩体存在从稳定到不稳定,然后再逐渐稳定的过程。

第8章　基于微震监测的地下厂房安全评价技术

8.1　基于微震参数的安全评价方法

8.1.1　岩体稳定性的时空与震级分布评价方法

1. 基于时空分布的塌空区稳定性判别

通过爆破试验确定岩体 P 波和 S 波的传播速度,然后通过多个已知位置的传感器获得微震事件时间,采用最小二乘法获得微震事件产生的时间及其空间坐标,根据时空的积聚来初步判断监测区岩体的稳定性。

从微震事件的时空分布来看,在 2011 年 6 月以前微震事件数为 32 件,占总事件数(36 件)的 89%。而 2012 年以后的事件数仅为 4 件,占总事件数的 11%。由此可以看出,塌空区微震事件在 2011 年 4 月左右达到高峰期,而 2012 年 1 月后基本无事件产生,如图 8.1 所示。因此,该微震事件分布区域不会对塌空区的岩体造成较大的影响。

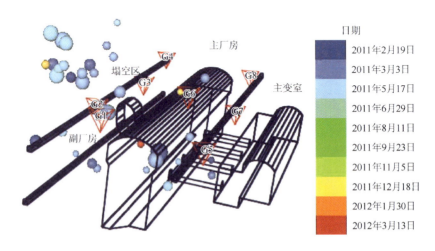

图 8.1　塌空区围岩微震事件的时空分布

2. 基于震级分布的塌空区稳定性判别

微震震级主要采用局部里氏震级来计算。微震传感器能够监测到的震级为 –4～+3。一般认为震级大于 0 为大事件，而震级大于 0.8 的大事件必须要分析产生原因，并进行安全防范。

塌空区围岩微震事件的震级分布见图 8.2。因此，可以看出塌空区的微震事件震级较小，分布较为分散，岩体基本稳定。在塌空区上部区域约 50m 左右有一定的微震事件集中，但离塌空区范围较远，对塌空区稳定性影响较小。根据地下厂房及塌空区的施工进度，塌空区的支护在 2011 年 5 月基本完成，塌空区拱顶进行了喷锚支护，使围岩逐步趋于稳定，微震事件在该区域也呈现减小的趋势。但也要充分注意支护后应力的转移情况，虽然塌空区围岩基本稳定，但应力转移到锚杆尖端之外，也可能引起新的潜在危险区，因此在监测中也要重点关注。

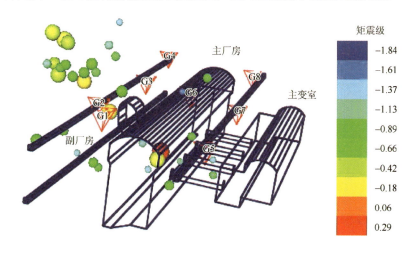

图 8.2　塌空区围岩微震事件的震级分布

8.1.2　岩体稳定性的震源参数评价方法

1. 基本震源参数

（1）能量指数。能量指数为给定的能量 E 与给定震级 M 所折算的平均等效能量 $\bar{E}(M)$ 的比值，其图形可以采用能量和微震矩来表示。

$$EI = E / \overline{E}(M) \tag{8-1}$$

式中，$\overline{E}(M) = 10^{c+d \lg M}$，$c$、$d$ 为常数，M 为给定的微震矩。

能量指数主要反映微震事件区域内驱动应力的变化情况。能量指数越高，驱动应力越大，则单位非弹性变形释放的能量就越高，破坏可能性也越大，产生大事件的可能性也越大。如果能量指数大于 1 的事件相对较多，则出现大事件的概率就较大。

为了统计和表达的方便，一般讨论能量指数的对数分布。当 $\lg EI > 0$，则表示产生的能量较高，岩体破坏的可能性增大；而当 $\lg EI < 0$，岩体破坏的可能性较小。如图 8.3 所示，处于直线之上的微震事件，其能量指数对数大于 0，破坏的可能性较大。

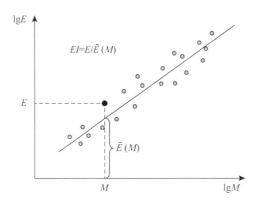

图 8.3 微震事件能量指数定义图形

（2）视体积与累积视体积。视体积反映等震圈内非弹性应变变化值为 $\Delta \varepsilon$ 的岩体体积，其值大约为视应力与岩体刚度的比值，主要取决于地震效能与地震能量。由于视体积的标量性质，可以采用累积视体积或等值线的形式。累积视体积随着时间增加而逐步增加，因此，累积视体积是一个增加的量。视体积往往不能独立应用，而是与其他微震参数结合来分析岩体的微震震源规律。

（3）施密特数。施密特数是一个反映岩石流动方面的力学参数，为动量扩散系数 v 与质量扩散系数 D 的比值，主要反映黏性流体质点相互掺混，局部压强、速度等随时间和空间呈随机脉动的流动。施密特数 S_{ch} 越低，流体扩散越快，湍流越激烈。

$$S_{ch} = \frac{v}{D} = \frac{\mu}{\rho D} \qquad (8\text{-}2)$$

式中，v 为动黏滞系数；D 为扩散系数；μ 为黏滞系数；ρ 为密度。

　　根据 IMS 微震系统分析方法和地质学理论可以知道，施密特数应用于岩体力学中，主要衡量微震时岩石的时空复杂性。施密特数是微震系统中唯一反映岩体位势不稳定的参数。微震施密特数越低，则岩石流越不稳定。

2. 基于震源参数的稳定性评价方法

　　（1）能量指数与累积视体积关系法评价。能量指数与累积视体积的关系曲线，可以从时间上看出微震事件的发展趋势，特别能反映大事件的发生。一般来说，能量指数增加伴随正的累积视体积率表示岩体应变硬化过程，岩体趋于稳定；而能量指数下降伴随加速发展的累积视体积表示应变软化过程，预示着岩体进入不稳定状态。

　　由监测时间段所有数据分析得到的能量指数对数与累积视体积的关系，如图 8.4 所示。其中左边图标为累积视体积，曲线用蓝色表示，右边图标为能量

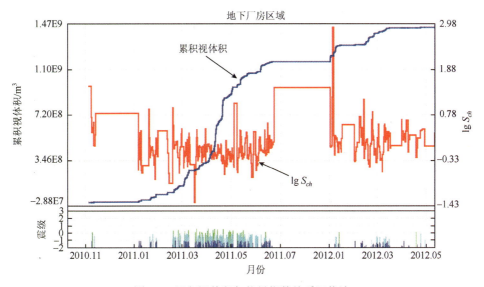

图 8.4　累积视体积与能量指数关系评价法

指数的对数值，曲线用红色表示。从图中可以看出，在 2011 年 3 至 6 月，累积视体积急剧增加，此时处于上下波动状态，特别是能量指数多次下降，反映出岩体的应变软化过程大量发生，岩体处于不稳定的活动状态，表明此时间段地下厂房围岩处于不稳定状态。

（2）施密特数与累积视体积关系法评价。施密特数常取对数，与累积视体积结合可以有效判定岩体的稳定性。累积视体积是一个逐步增加的过程，若某时段视体积增幅明显加快，而施密特数急剧降低，而后又逐步上升，则在此时间段发生大事件可能性较大。

由监测时间段地下厂房微震数据分析后得到的施密特数与累积视体积的关系曲线，如图 8.5 所示。其中左边图标为累积视体积，曲线用蓝色表示，右边图标为施密特数的对数值，曲线用红色表示。从图可以看出，累积视体积在 2011年 3 至 6 月急剧增加，而此时的施密特数曲线波动较大，多次下降与上升，反映出岩体中应力的急剧变化，因此，产生了一系列的微震大事件，表明此阶段岩体处于不稳定状态。而 2012 年 1 至 5 月，虽然施密特数有所变化，但累积视体积增加幅度不大，出现的微震大事件较少，因此，岩体在此阶段趋于稳定。

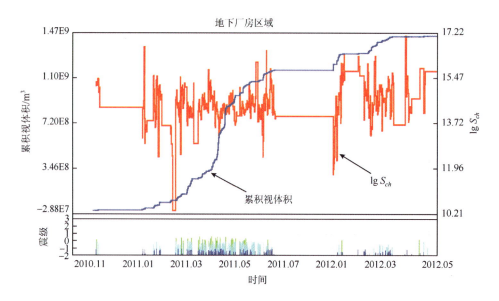

图 8.5　累积视体积与施密特数关系评价法

8.2　基于控制断层微震分析的评价方法

8.2.1　岩脉断层微震研究模型

大岗山水电站两条岩脉断层 β_{80} 和 β_{81} 均穿过地下厂房，因此对地下厂房的整体稳定性起着控制作用，其中 β_{80} 控制塌方区的岩体稳定性，而 β_{81} 控制着厂房拱顶和边墙的稳定性，地下厂房的塌空区就处在 β_{80} 断层与厂房拱顶的交接处，如图 8.6（a）所示。因此监测断层面的位错滑移情况和断层面周边区域岩体的稳定性是十分重要的。利用南非 IMS 公司的 JDI 软件建立断层的微震分析模型，如图 8.6（b）所示，重点分析两大辉绿岩脉断层位错情况和对周边岩体微震活动的影响，由此来综合判断地下厂房围岩的整体稳定性及其变化规律。

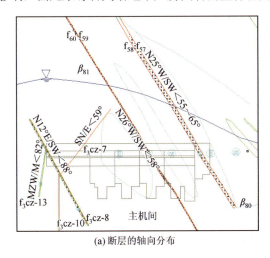
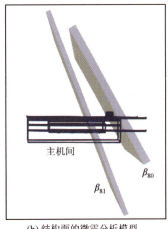

(a) 断层的轴向分布　　　　　　　(b) 结构面的微震分析模型

图 8.6　岩脉断层及其 JDI 软件分析模型

8.2.2　断层面微震分布规律

（1）从微震事件的空间分布来分析。两大断层周边岩体的空间与震级分布，如图 8.7 和图 8.8 所示。图中球体为微震事件，球体直径大小代表震级大小，球体颜色与震级大小也相关。从图 8.7 所反映的 β_{80} 断层岩体微震事件分布来看，在塌空区附近有一定的积聚，因此塌空区附近断层岩体有一定的活动性。

从图 8.8 所反映的 β_{81} 断层岩体的微震事件分布来看，微震事件在该断层没有积聚性，分布比较分散，断层周边岩体稳定。

（2）从微震事件的震级大小来分析。从图 8.7 和图 8.8 反映的震级大小来看，微震大事件较少，震级较小。β_{80} 断层震级最大值为 -0.13，均小于零。β_{81} 断层震级最大值为 0.39，处于厂房的下部区域。因此，断层区域的岩体比较稳定。

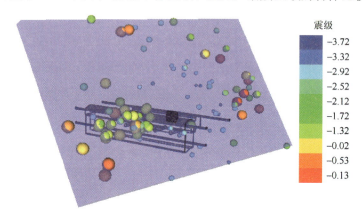

图 8.7　地下厂房 β_{80} 断层微震事件震级分布

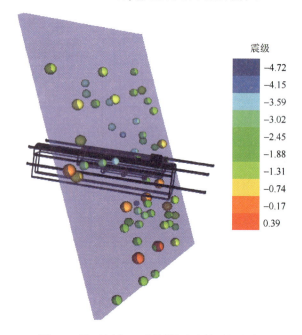

图 8.8　地下厂房 β_{81} 断层微震事件震级分布

（3）从断层的位错滑移来分析。如图 8.9 和图 8.10 所示，位错滑移最大位移在 β_{80} 断层为 0.245mm，在 β_{81} 断层为 0.247mm。可以看出，断层的位错滑移值较小，说明断层相对稳定。

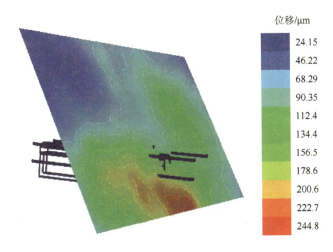

图 8.9　地下厂房 β_{80} 断层微震事件位移分布

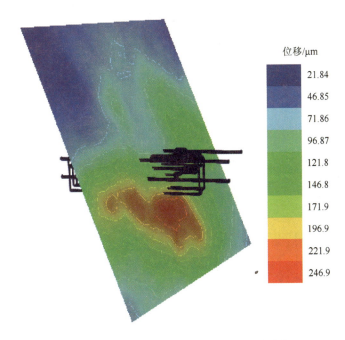

图 8.10　地下厂房 β_{81} 断层微震事件位移分布

8.2.3　断层对边墙的影响分析

从工程地质情况来看，上、下游边墙受断层和结构面的影响，可能会处于不稳定状态。如图 8.11 所示，上游边墙微震事件分布较为分散，震级最大值仅为–0.12，而下游边墙微震事件同样分散（如图 8.12 所示），震级最大值为0.19，与地下厂房分层爆破开挖有关。总体上来说，上、下游边墙在开挖支护后，微震事件少，震级较小，边墙总体稳定。

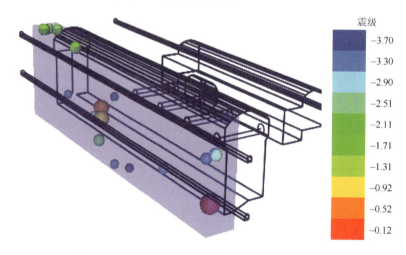

图 8.11　地下厂房上游边墙微震事件及其震级分布

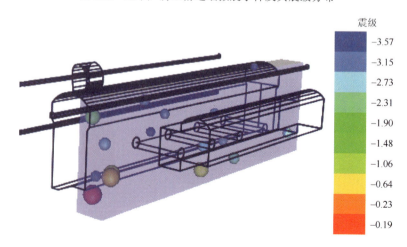

图 8.12　地下厂房下游边墙微震事件及其震级分布

8.3　基于微震影响因素的评价方法

8.3.1　微震活动与施工爆破

在较高应力环境下,地下工程爆破开挖活动会引起远离爆源的岩体应力重新分布而产生微破裂,并释放出微震应力波,而其微震事件的数目往往与爆破强度、爆破顺序或爆破时间间隔有关。爆破事件数与微震事件数随时间的变化曲线,如图 8.13 所示,从图中可以看出,在每天 18：00～19：00,工人会在下班前实施工程爆破,然后离开现场,此时爆破事件较为集中,所对应的微震事件数目也最多。可以认为,爆破施工方法对工程岩体影响较大,除爆破源附近岩体破坏外,也可能使远离爆源的岩体发生微破裂,从而诱发破坏区域,因此,工程爆破后岩体稳定性的变化情况是必须重点关注的。

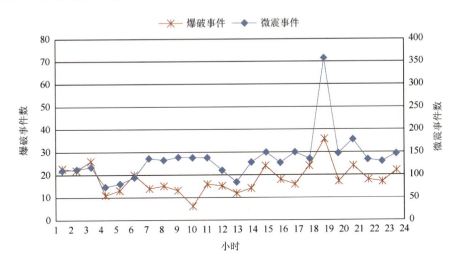

图 8.13　爆破数与微震事件数的关系

8.3.2　微震活动与施工顺序

地下工程开挖施工,往往会引起周边岩体应力调整,部分薄弱岩体发生破坏而释放微震波。大岗山水电站地下厂房的开挖是从上至下的,特别是监测期间，厂房从第 VII 层向下开挖到 X 层，而所监测到的微震大事件也分布在厂房下部区域，如图 8.14 所示。从图中可以看出，微震事件的产生与开挖过程和施工顺序有很大的关系，需要引起重视。因此，在施工过程中，关注施工区域附近岩体的稳定性变化是最重要的，应加强施工影响区域岩体的稳定性监测。

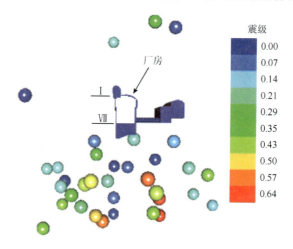

图 8.14　微震大事件受施工顺序的影响

8.3.3　微震分布与支护时间

地下厂房塌空区在 2008 年和 2011 年进行了两次加固，首次加固效果不理想，围岩位移增大且不收敛，第二次加固后，塌空区岩体逐步稳定。从微震监测的 2010 年 11 月至 2012 年 06 月这段时间来看，地下厂房区域岩体基本处于稳定状态。但是通过微震监测分析可以发现，随着喷锚支护的实施，围岩应力向深处转移，使深处的岩体应力增大。从图 8.2 中可以看出，微震事件集中区域不是在塌空区附近，而是在远离塌空区约 50m 处的深层区域，这就说明了围岩应力发生了转移，已调整到深处部位，因此，也要充分注意锚杆端部及远处岩体的活动情况。

从对以上影响微震事件产生的直接因素（施工爆破、施工顺序和支护时间）分析可以看出，基于微震事件分布规律的分析，除建立在微震监测数据的基础上之外，还要注意结合施工过程和施工方案、工程地质条件等因素来综合分析围岩的稳定性，不能仅靠微震监测数据来对岩体稳定性直接下结论。

8.4　地下厂房微震预测方法与安全评价

8.4.1　地下厂房微震震级预测

微震事件的震级预测是微震分析的一项重要工作,分析微震大事件重现时间和出现概率,可为安全施工提供超前指导。由于微震震级预测主要建立在所采集的数据分析上,会受到许多偶然性和不确定性的影响,所预测的结果成功率需要进一步的提高。

1. 微震震级预测分析方法

微震大事件预测方法有很多,比如能量指数法、施密特数法和德博拉常数法等。此处采用事件数目与震级的关系和震级与重现时间的关系理论来对微震事件震级进行预测。

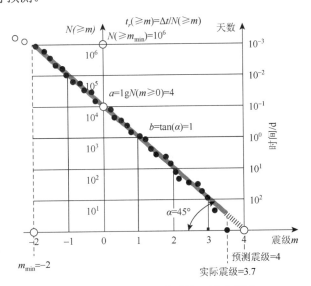

图 8.15　微震事件参数估计理论分析图

基于震级分布的微震事件预测理论分析如图 8.15 所示。图中反映了两个曲线关系,即事件数与震级的关系和震级与重现时间的关系。$N \geqslant m$ 表示震级大于 m 的事件数。$t_r \geqslant m$ 表示震级大于 m 的事件数的重现天数。坐标横轴表示震级，取值为-3～4。

事件数目 $N(\geqslant m)$ 与震级 m 的关系为

$$\lg N(\geqslant m) = a - bm \qquad (8\text{-}3)$$

式中，a 为纵轴的截距，$a = \lg N(\geqslant 0)$；b 为事件震级曲线的斜率；$N(\geqslant m)$ 为震级大于 m 的事件数。

式（8-3）可以预测出最大震级 $m_{\max}$，其表达式为

$$m_{\max} = a / b \qquad (8\text{-}4)$$

通过微震事件的数目及观察天数，可以预测震级的重现时间 t_r 为

$$t_r(\geqslant m) = \Delta t / N(\geqslant m) \qquad (8\text{-}5)$$

式中，Δt 为观察天数。

2. 地下厂房围岩稳定性预测

地下厂房围岩稳定性预测分析如图 8.16 所示。统计的微震事件数 1304 件，最早事件发生在 2010 年 11 月 4 日，最晚事件发生在 2012 年 5 月 11 日，事件最大震级为 0.6。

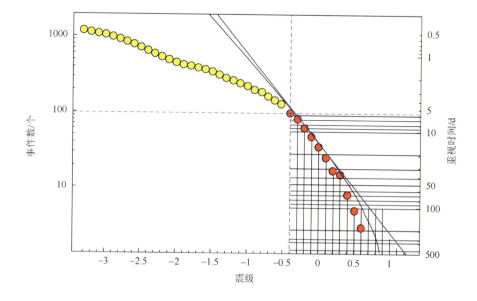

图 8.16　地下厂房围岩微震震级预测

通过已有数据来预测各种震级事件可能出现的事件数和重现天数,同时获取特定震级出现的概率,预测该区域可能出现的最大震级,由此来分析洞室围岩稳定的可能性。

不同震级重现时间与重现概率情况,见表 8.1。震级为 0.2 的重现时间为 30d,2 周出现的概率为 0.361,1 个月出现的概率为 0.616,说明该震级出现在监测区域的概率较大。而震级为 1.0 的大事件,重现时间为 293d,而 1 个月、3 个月、6 个月出现的概率分别为 0.094、0.256 和 0.451,说明该震级事件在短时间出现的概率较小。通过震级预测分析,可以对一段时间内岩体稳定性和微震大事件进行预测,从而可以对工程施工进度和方案等提出指导意见。

表 8.1　重现时间及概率

震级	重现时间/d	概率				
		2 周	1 个月	3 个月	6 个月	1 年
−0.2	10	0.751	0.948	1.000	1.000	1.000
0.2	30	0.361	0.616	0.942	0.997	1.000
0.6	94	0.134	0.265	0.601	0.844	0.975
1.0	293	0.045	0.094	0.256	0.451	0.697

从以上分析可以看出,地下厂房微震大事件出现的概率较低,特别是震级大于 0.8 的微震事件,因为只有出现微震大事件而且有一定的积聚性,才能判定围岩的不稳定性,所以孤立的大事件一般不会对地下厂房围岩造成多大的影响。

8.4.2　地下厂房微震监测安全评价体系

大岗山水电站地下厂房的微震监测系统自运行以来,获得了大量有效的监测数据,同时对厂房的开挖施工开展了卓有成效地指导工作。因此,从微震监测系统建立到数据采集、分析、判断和评价与预测体系的建立,都能够很好地指导地下工程的工程施工。结合国内外矿山深部开挖矿震监测的研究经验，针对地下工程开挖施工、地质环境和岩性特征等特点，建立了在微震监测系统基础之上的安全评价机制，用于指导工程微震监测和地下工程稳定性评价。

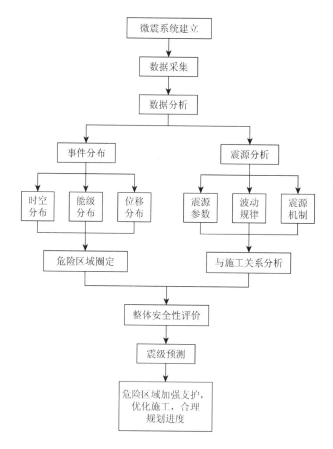

图 8.17　地下厂房安全评价体系

（1）微震系统的建立，需要结合监测区域的工程特点和监测目的，选择合适的微震监测系统和传感器布置，尽可能对传感器布置进行优化，以获得最好的监测效果；同时选择无线或有线的系统控制与数据传输方式，进行远程系统控制和系统设备管理。

（2）微震数据的分析，利用数据采集软件，获取微震事件的到达时间、波形特征，对微震事件进行时空、能级、位移分析；对微震震源进行受力分析，结合施工方法、施工顺序和施工强度等对震源进行参数反演。

（3）微震区域的稳定性判别与微震大事件的预测，采用多种方法对监测区域进行围岩稳定性评价和对微震大事件的重现时间和概率进行预测，用于指导工程开挖和运营管理。

（4）根据微震监测分析反复调整施工方案、支护方案和施工进度等，尽量避开潜在危险区，或对不稳定性区域进行加固，结合微震监测结果优化施工方案，减小经济损失。

8.5　本章小结

本章从微震时空分布、震级分布、震源预测和断层分布、施工因素等方面深入分析了微震监测事件分布和厂房围岩稳定性变化规律，提出基于微震监测的地下工程安全评价体系。

（1）采用时空分布、震级分布和震源视体积、能量指数、施密特数等多参数协同来对微震监测区域岩体进行稳定性评价。在施工过程中，出现了一段时间内微震事件数升高的情况，但随着施工推进和加固措施的实施，微震事件数逐渐减少，岩体最后趋于稳定。从震级来看，微震大事件多分布在下部区域，与工程向下开挖施工有关。基于累积视体积和能量指数可以分析微震大事件的发生，并对岩体稳定性进行预测，通过施密特数和累积视体积参数可以分析岩体不稳定流的产生，从而对岩体稳定性进行判别。

（2）建立了岩脉断层的微震分析模型，对断层面和周边微震事件的分布规律，以及位错发生的大小进行了分析。微震大事件较少，震级较小。β_{80} 断层震级最大值为 –0.13，均小于零。β_{81} 断层震级最大值为 0.39，处于厂房的下部区域。位错滑移最大位移在 β_{80} 断层为 0.245mm，在 β_{81} 断层为 0.247mm。由此可以看出断层的位错滑移值较小，说明断层相对稳定。

（3）分析了影响微震事件产生的各项因素，如施工爆破、施工顺序、断层分布和支护时间等。在施工爆破区域会产生大量的爆破事件和微震事件。随着地下厂房向下开挖，微震事件也逐步转向地下厂房下部，其顶部微震事件逐渐减小；微震事件主要分布在断层附近，其他位置分布较少。随着支护结构的稳定，其支护的围岩也逐步稳定，支护区域微震事件也逐步减少。

（4）分析了地下厂房安全评价与预测方法。采用震级预测和概率预测相结合的方法，通过前期的微震监测，预测紧后时间段的微震大事件发生的概率和某震级事件重现的天数。通过采集微震事件，从事件分布和震源分析两个方面来圈定危险区域，并结合施工过程和地质概况，对厂房安全性进行总体评价，并对可能出现的微震大事件和重现时间进行预测，从而指导工程施工方案和支护方案等。

第9章 主要结论及建议

9.1 主 要 结 论

地下工程施工灾害频发，微震监测作为对潜在危险区域有效判别的手段而广泛运用。然而微震震源机制、微震波辐射机制以及震相的复杂性导致微震技术的推广存在困难。微震机制和波场特征关系到对震源的准确定位和震源受力破坏方式的判别，成为了微震监测的重要研究方向。针对这一问题，本书以岩体损伤破裂过程中释放的微震波为研究对象，通过理论分析、实验研究、工程应用对岩体的微震损伤、微震波释放机制、微震波场特征、AE/MS 的分形特征进行分析，结合大岗山水电站地下厂房微震监测项目实施，提出了基于微震监测的水电工程安全评价方法。

主要结论如下：

（1）总结了微震震源机制，矿震主要为扩展型、剪切滑移型和顶板冒落等，水电边坡应力迁移、局部滑移、水工洞室应力调整、拱顶下塌、边墙外鼓以及断层滑移等诱发或激发微震现象，其产生机制与工程地质、岩体特征和施工方式有直接关系。

（2）建立理论分析模型，分别研究了拉伸应力和剪切应力破岩情况下震动波的类型，讨论了 P 波和 S 波所引起的质点振动方向、位移特点、频率特征，其释放的弹性波频率反映岩体的固有振动频率。

（3）设计了直接拉伸、间接拉伸和单轴压缩情况下岩石的声发射试验，分析了不同应力条件下岩体损伤演化过程，对声发射波场特征进行了分析；在直接拉伸试验中，开始时岩块释放的声发射事件较少，只有当加载应力达到抗拉强度的 75%以上时才有声发射事件被检测到，岩块破坏后声发射事件数急剧降低，说明直接拉伸破坏是瞬时破坏，呈脆性破坏；间接拉伸（劈裂破坏）试验中，开始时声发射事件数出现稳定期和裂纹快速发展期，当加载应力达到抗拉强度后，岩体同样产生瞬间破坏，声发射事件数急剧增加，出现脆性破坏特征；单轴压缩试验中，岩体经历了裂隙压密、平静阶段、稳步扩展阶段和破坏阶段，在加载初期有声发射活动，当加载应力达到抗压强度的 75%以上时，声发射事件率有较快增长，内部裂纹加剧扩展，在加载应力达到抗压强度时，声发射事件率和能率均达到最大值，随后声发射事件数有所降低，裂纹进一步扩展，呈塑性破坏状态。

（4）从应力变化所引起的声发射频度变化来看，计数频度和振幅频度分布随应力水平而发生显著变化。加载应力超过峰值应力 80%时，微小裂纹连通，形成更多交叉裂纹，破坏点越来越多，声发射事件显著增加。另外，从发生源到探头的声发射波传播要经过大裂纹，高频成分易发生衰减，因此低频率成分较为显著。

（5）采用 Fourier 变换和小波分析方法来研究不同破坏类型下声发射波的频谱特征。对于实验所用的岩样，在接拉伸试验中，优势频率在 190~250kHz；在间接拉伸试验中，优势频率集中在 60~80kHz 和 240kHz，可能与岩体局部受压有关；在单轴压缩试验中，绝大部分时段优势频率集中在 220~240kHz，但达到峰值应力的 75%以上时，低频成分较为显著（50~150kHz），特别是加载到峰值应力时，低频成分事件数剧增。

（6）分析了工程岩体微震信号的组成、识别和去噪方法，以便获取真实的微震信号。微震监测信号包括岩体破裂释放的微震信号及其他噪音信号（如爆破应力波、电源信号、机械运输信号和脉动干扰信号等），其频率、能量、波形特征有明显的不同。采用权重因子、能量差异和偏振分析等方法来识别 P 波、S 波的到时，采用小波分析中无偏似然估计阈值的方法对噪声进行去除，获取原始信号等有用信息。

（7）采用 Fourier 变换方法研究了微震信号和爆破信号的波形和时频特征。微震信号优势频率在 60Hz 以下，而爆破信号优势频率有两个（55Hz 和 96Hz），表明爆破主破裂之后引起的余震可能导致岩体破坏，释放微震波。从出现优势频率的时间来看，微震波优势频率一开始就出现，比较固定，而爆破波会在岩体中形成多次震荡，后期释放出微震波，出现主震-余震型或级差爆破的波形特征。

（8）采用提取小波包各子频带能量的方法来分析不同频率所占的能量比例，分析主要能量所在频段。微震信号的主要能量分布在 100Hz 以下，占总能量的 90%以上。爆破信号除高频信号有一定的能量分布外，引发的低频信号能量也占有一定比例。

（9）研究了微震震源机制分析方法并应用于实际。借鉴沙滩球和首波初动等方式来研究震源矩张量分量，并对各项同性张量以及偏张量进行分解；同时对震源处的断层方位进行了分析，获取了岩体破坏后的断层面分布。

（10）将微震监测系统运用于大岗山水电站地下厂房和拱顶塌空区的围岩区域监测之中。优化传感器布置，设计微震监测硬、软件系统，对在施工期间的地下厂房区域进行了 1 年多的监测，获取了大量微震数据；分析了微震事件活动的时间、空间及震级分布规律，数据分析表明塌空区在支护后保持稳定，但地下厂房施工区域附近的岩体微震损伤发育，受到施工影响较大。

（11）对微震监测事件进行了时间和空间分形维数的统计分析，表明微震事件具有分形特征。从时间分维数来看，在微震大事件即将发生时，总会有时间分维数降低的现象，而随着地下厂房开挖逐渐结束，时间分维数又进一步提高，表明岩体逐渐稳定；从空间分维数来看，在地下厂房开挖前期，空间分维数急剧下降，但在开挖后期，空间分维数又逐渐上升，表明围岩存在着从稳定到不稳定，然后再逐渐稳定的变化过程。

（12）利用微震震源多参数及影响因素等来分析监测区域岩体的稳定性。在施工前期微震事件数逐渐升高，但随着加固措施的实施，微震事件数逐渐减少，岩体最后趋于稳定。微震大事件多分布在厂房下部区域，与工程向下开挖施工有关。基于累积视体积和能量指数方法可以分析微震大事件的发生，并能对岩体稳定性进行预测。通过施密特数和累积视体积参数可以分析岩体不稳定流的产生，从而对岩体稳定性进行判别。研究了影响微震事件产生的各项因素，如施工爆破、施工顺序、断层分布和支护时间等。

（13）提出了地下厂房安全评价与预测方法。采用震级预测理论，通过微震监测事件来预测紧后时间段微震事件发生的概率和某一震级的重现天数。从震源点的集中分布和大震级事件来圈定危险区域，并结合施工过程和地质概况对厂房安全稳定性进行总体评价，并对可能出现的微震大事件进行预测，从而指导工程施工顺序、支护方案等。

9.2　进一步研究建议

本书从多角度研究了微震损伤发展和微震波释放过程，并对微震时空演化和微震波场特征进行了综合分析，其研究成果能够对工程实践作出理论和应用指导。但由于微震机制、赋存环境和岩体性能的复杂性，使得对于微震波性质进行研究具有较大难度。在微震波产生、传播以及能量衰减、时频特征等方面做了大量工作，期望从最简单的机制出发，得出有用的结论，因此对很多复杂的影响因素作了一定的简化，以后还可以从如下方面入手，做进一步的研究工作：

（1）在微震震源机制方面，需要结合简单力破岩状况，研究应力波特征和规律，结合矩张量进行复杂应力条件下的微震波辐射机制研究。

（2）在微震波机制方面，还需要在实验室完成受剪应力、动力破岩等方面的声发射试验，完成在静力、动力以及简单力或复杂力作用下岩体微震释放规律的分析，研究在不同应力条件下释放的声发射波特征，区别不同震相应力波的信号规律、时频和能量特征等。

（3）在工程尺度上，还需要研究工程岩体的赋存环境、结构面和施工过程等因素对微震波释放、反射与折射、能量衰减等的影响，研究从监测信号对震源机制以及传播路径的反馈，从而获取对于工程实用的微震信号解译方法和途径。

（4）在微震波场特征方面，应探索微震信号去噪以及 P 波、S 波场分离理论，建立起波场分离系统，对微震信号进行自动识别、自动分离以及自动反馈，从而建立起复杂波场的自动处理体系。

参 考 文 献

[1] 盛虞，Lynch R. 高精度微震监测技术及在水电工程中的应用前景[A]. 2008年度技术信息交流会暨全国大坝安全监测技术应用和发展研讨会论文集[C]. 全国大坝安全监测技术信息网，2008：27-34.

[2] 李世愚，和雪松，张少泉，等. 矿山地震监测技术的进展及最新成果[J]. 地球物理学进展，2004，19（4）：853-859.

[3] 张少泉，张诚，修济刚，等. 矿山地震研究述评[J]. 地球物理学进展，1993，8（3）：69-85.

[4] 张少泉，关杰，刘力强，等. 矿山地震研究进展[J]. 国际地震动态，1994，2：1-6.

[5] Mendecki A J. Data-driven understanding of seismic rock mass response to mining[C] // Van Aswegen G，Durrheim R J，Ortlepp W Ded. Rockbursts and Seismicity in Mines-RaSiM5. Johannesburg：South African Institute of Mining and Metallurgy，2001：1-9.

[6] Spottiswoode S W. Perspective on seismic and rockburst research in the Sorth African gold mining industry 1983～1987[J]. In Seisrnicity in Mines. Pure Appl，Geophys，1989，129：673-680.

[7] Kazimicrczek M，Kijewski P，Szelag T. Tectonic and mining aspects of major mining tremors occuring in the Legnica-GlogowBasin[J]. Publ. Inst. Geophys. Pol. Acad. Sco，1988，10：2-13.

[8] McWilliamss P C，McDonalld M M，Jenkins F M. Statistical analysis of a microseismic field data set. Prepr. Dap.，Int. Symp.，2nd，Rockburst Seismic Mtines. Univ. Min.，Minneapolis，1988：235-245.

[9] Blake W. Microseismic applications for mining-a practical guided[R]. Bureau of Mines，U. S. Department of the Interior. 1982.

[10] Yong R P，Hutchins D A，McGaughey J，et al. Geotomography imaging in the study of mining induced seismicity[J]. Pure Appl Geophys，1989a，129：571-596.

[11] Yong R P，Hutchins D A，Talebi S，et al. Laboratory and field investigation of rockburst phenomena using concurrent geotomographic imaging and acoustic/microseismic techques[J]. Pure Appl Geophys，1989b，129：571-596.

[12] Mikula P A. The practice of seismic management in mines—how to love your seismic monitoring system[C]// Potvin Y，Hudyma M. Controlling Seismic Risk—RaSiM6. Nedlands：Australian Center for Geomechanics，2005：21-31.

[13] Hudyma M，Potvin Y. Seismic Hazard Scale for Mining and its Application to Western Australia Mines[C]//Potvin Y Hadjigeorgou，Hudyma M Challenges in Deep and High Stress

Mining. Nedlands：Australian Center for Geomechanics，2007：415-425.

[14] 鲁振华，张连成. 门头沟矿微震的近场监测效能评估[J]. 地震，1989，（5）：32-39.

[15] 张兴民，飞克君，席京德，等. 微地震技术在煤矿"两带"监测领域的研究与应用[J]. 煤炭学报，2000，25（6）：566-569.

[16] 李庶林，尹贤刚，郑文达，等. 凡口铅锌矿多通道微震监测系统及其应用研究[J]. 岩石力学与工程学报，2005，24（12）：2048-2053.

[17] 唐礼忠，潘长良，谢学斌，等. 冬瓜山铜矿深井开采岩爆危险区分析与预测[J]. 中南大工业大学学报，2002，33（4）：335-338.

[18] 杨志国，于润沧，郭然，等. 微震监测技术在深井矿山中的应用[J]. 岩石力学与工程学报，2008，27（5）：1066-1073.

[19] 李庶林. 国家十五科技攻关专题"深井地压定位、预报与防治技术研究"报告[R]. 长沙：长沙矿山研究院，2004.

[20] 冯夏庭，张传庆，陈炳瑞，等. 岩爆孕育过程的动态调控[A]//中国工程院. 重大地下工程安全建设与风险管理—国际工程科技发展战略高端论坛论文集[C]. 2012：17.

[21] 丰光亮，冯夏庭，陈炳瑞，等. 基于微震监测的深埋隧洞 TBM 掘进岩爆风险分析与预测[A]//中国岩石力学与工程学会. 第十二次全国岩石力学与工程学术大会会议论文摘要集[C]. 中国岩石力学与工程学会，2012：1.

[22] 徐奴文，唐春安，沙椿，等. 锦屏一级水电站左岸边坡微震监测系统及其工程应用[J]. 岩石力学与工程学报，2010，29（5）：915-925.

[23] 徐奴文，唐春安，周钟，等. 岩石边坡潜在失稳区域微震识别方法[J]. 岩石力学与工程学报，2011，30（5）：893-900.

[24] 张伯虎，邓建辉，高明忠，等. 基于微震监测的水电站地下厂房安全性评价研究[J]. 岩石力学与工程学报，2012，31（5）：937-944.

[25] 张伯虎，邓建辉，周志辉，等. 大岗山水电站厂房断层控制区域微震监测分析[J]. 岩土力学，2012，33（S2）：213-218.

[26] Zhang B H Deng J H. Microseismic monitoring analysis methods to disaster prevention in underground engineering[J]. Disaster Advances，2012，5（4）：1420-1424.

[27] 徐奴文，唐春安，吴思浩，等. 微震监测技术在大岗山水电站右岸边坡中的应用[J]. 防灾减灾工程学报，2010，30（S1）：216-221.

[28] Slawomir Jerzy Gibowicz，Andrzej Kijko. 矿山地震学引论[M]. 修济刚等译. 北京：地震出版社，1998.

[29] Gibowicz S J. The mechanism of large mining tremors in Poland[J]. In Rockbursts and Seismicity in Mines，Symp. Ser，1984，6：17-28.

[30] Reid H F. The elastic-rebound theory of earthquakes[J]. Bull. Dept. Geol. Univ. Calif.，1911，（6）：412-444.

[31] Aki K，Richards P G. Quantitative Seismology, Theory and Methods, Freeman W H. San Francisco

1980.

[32] McGarr A. Violent deformation of rock near deep-level tabular excavations-seismic events[J]. Bull Seism Soc. Am. 1971，61：1453-1466.

[33] Gay N C，Ortlepp W D. Anatomy of mining-induced fault zone[J]. Bull Geol. Soc. Am. 1979，90：47-58.

[34] Potgieter G J，Roering C. The influence of geology on the mechanism of mining-associated seismicity in the Klerksdorp gold-field[J]. In Rockbursts and Seismicity in Mines，Symp. Ser，1984，6：45-50.

[35] Nur A. Dilatancy，pore fluids and premonitory variations in ts/tp travel times[J]. Bull. Seism. Soc. Am，1972，（62）：1217-1222.

[36] Whitcomb J H，Garmony J D，Anderson D L. Earthquakes prediction：variation of seismic velocities before the San Fernando earthquake[J]. Science，1973，（180）：632-641.

[37] 秦玉红. 矿井开采引发矿震规律及其应用研究[D]. 徐州：中国矿业大学，2005.

[38] Scholz C H. The Mechanics of Earthquakes and Faulting[M]. Cambridge：Cambridge university press，1990.

[39] Fowlger G R，Long R E，Einersson P. Implosive earthquake at the active accretionary place boundary in northern Iceland[J]. Nature 337，1989，16（2）：640-642.

[40] 杨清源，陈献程，胡毓良. 诱发地震中的非双力偶震源[J]. 地震地磁观测与研究，1994，15（1）：1-5.

[41] 李庶林，尹贤刚. 矿山微震震源机制的初步研究[J]//长沙矿山研究院建院50周年院庆论文集[c]，矿业研究与开发，2006，（10）：141-146.

[42] 宋建潮，刘大勇，王恩德，等. 断层型矿震成因机理及预测方法研究[J]. 矿业工程，2007，5（3）：16-18.

[43] 梁冰，章梦涛. 矿震发生的粘滑失稳机理及其数值模拟[J]. 辽宁工程技术大学学报，1997，16（5）：521-524.

[44] 潘一山，赵扬锋，马瑾. 中国矿震区域应力场影响的探讨[J]. 岩石力学与工程学报，2005，24（16）：2847-2853.

[45] 曹安业. 采动煤岩冲击破裂的震动效应及其应用研究[D]. 徐州：中国矿业大学，2009.

[46] 唐礼忠. 深井矿山地震活动与岩爆监测及预测研究[D]. 长沙：中南大学，2008.

[47] 潘懿. 深井采矿地压灾害微震监测、预报与控制技术研究[D]. 长沙：长沙矿山研究院，2008.

[48] 刘建坡，李元辉，赵兴东，等. 微震技术在深部矿山地压监测中的应用[J]. 金属矿山，2008，383（5）：125-128.

[49] 桂志先，贺振华，汪德雯. 正交介质中地震波传播数值模拟与分析[J]. 江汉石油学院学报，2001，23（3）：21-23.

[50] 姜福兴，杨淑华，Xun Luo. 微地震监测揭示的采场围岩空间破裂形态[J]. 煤炭学报，

2003，28（4）：357-360.

[51] 刘大勇，宋建潮，王恩德. 基于双岩模式的抚顺煤田矿震成因机理探讨[J]. 地质灾害与环境保护，2007，18（2）：9-14.

[52] 陈炳瑞，冯夏庭，肖亚勋，等. 深埋隧洞 TBM 施工过程围岩损伤演化声发射试验[J]. 岩石力学与工程学报，2010，29（8）：1562-1569.

[53] 揭秉辉，赵周能，陈炳瑞，等. 基于微震监测技术的深埋长大隧洞群岩爆时空分布规律分析[J]. 长江科学院院报，2012，29（9）：69-73.

[54] Gilbert F. Excitation of normal modes of the earth by earthquake sources[J]. Geophys. J. Roy Astr. Soc. 1970，22：223-226.

[55] Linzer L M. A relative moment tensor inversion technique applied to seismicity induced by mining[J]. Rock Mechanics and Rock Engineering，2005，38（2）：81-104.

[56] Chandler N. Developing tools for excavation design at Canada's Underground Research Laboratory[J]. International Journal of Rock Mechanics & Mining Sciences，2004，41：1229-1249.

[57] Teyssoneyre V，Feignier B，Sileny J，et al. Moment tensor inversion of regional phases：application to a mine collapse[J]. Pure appl. geophys，2002，159：111-130.

[58] Sileny J，Milev A. Source mechanism of mining induced seismic events-Resolution of double couple and non double couple models[J]. Tectonophysics，2008，456：3-15.

[59] Silver P G，Jordan T H. Optimal estimation and scalar seismic moment[J]. Geophys. J. Roy. Astr. Soc.，1982，70：755-787.

[60] 李世愚，陈运泰. 地震震源的研究[J]. 地震学报，2003，25（5）：453-464.

[61] 李世愚，陈运泰. 分形断层的隧道效应和平面内剪切断层的跨 S 波速破裂[J]. 地震学报，1999，21（1）：17-23.

[62] Blake W，Leighton F，Duvall W I. Microseismic techniques for monitoring the behavior of rock structures[J]. International Journal of Rock Mechanics and Mining Sciences and Geomechanics Abstracts，1975，12（4）：69.

[63] Brady B，Leighton F. Seismicity anomaly prior to a moderate rock burst：a case study[J]. International Journal of Rock Mechanics and Mining Sciences and Geomechanics Abstracts，1977，14（3）：127-132.

[64] 姜福兴，杨淑华，成云海，等. 煤矿冲击地压的微地震监测研究[J]. 地球物理学报，2006，49（5）：1511-1516.

[65] 叶根喜，姜福兴，郭延华，等. 煤矿深部采场爆破地震波传播规律的微震原位试验研究[J]. 岩石力学与工程学报，2008，27（5）：1053-1058.

[66] 李世愚，刘晓红，刘绮亮，等. 1999 年度中俄合作岩石破裂实验研究[J]. 国际地震动态，2000，3：1-4.

[67] 李世愚，尹祥础，滕春凯，等. 典型构造内微破裂集结的实验和理论研究[J]. 地震

学报，2000，22（3）：278-287.

[68] 李世愚，滕春凯，卢振业，等. 典型构造微破裂集结的实验研究[J]. 地震学报，2000，22（3）：278-287.

[69] 刘力强，马胜利，马瑾，等. 三轴压缩下不同构造花岗岩的微破裂时空分布特征及其地震学意义[J]. 科学通报，1999，44（11）：1194-1197.

[70] 高原，李世愚，周蕙兰，等. 大理岩的剪切波分裂对差应力变化响应的实验研究[J]. 地球物理学报，1999，42（6）：778-784.

[71] 高原. 破裂临界状态下大理岩的剪切波分裂特征[J]. 中国地震局，2000，16（3）：197-202.

[72] 赵晋明，胡毅力，杨润海，等. 岩石临破坏前波速奇异变化的再研究[J]. 地震研究，2001，24（2）：137-139.

[73] 杨永杰. 煤岩强度、变形及微震特征的基础试验研究[J]. 岩石力学与工程学报，2006，25（8）：1728.

[74] 杨永杰. 煤岩强度、变形及微震特征的基础试验研究[D]. 青岛：山东科技大学，2006.

[75] 陆菜平，窦林名，吴兴荣，等. 煤岩冲击前兆微震频谱演变规律的试验与实证研究[J]. 岩石力学与工程学报，2008，27（3）：519-525.

[76] 高明仕，窦林名，张农，等. 岩土介质中冲击震动波传播规律的微震试验研究[J]. 岩石力学与工程学报，2007，26（7）：1365-1371.

[77] 曹安业，窦林名，王洪海，等. 采动煤岩体中冲击震动波传播的微震效应试验研究[J]. 采矿与安全工程学报，2011，28（4）：530-535.

[78] 许晓阳，王恩元，许福乐，等. 煤岩单轴压缩条件下微震频谱特征研究[J]. 中国声学，2010，29（3）：148-153.

[79] 张省军，刘建坡，石长岩，等. 基于声发射实验岩石破坏前兆特征研究[J]. 地质与测量，2008，386（8）：65-68.

[80] 郑贵平，赵兴东，刘建坡，等. 岩石加载过程声波波速变化规律实验研究[J]. 东北大学学报（自然科学版），2009，30（8）：1197-1200.

[81] 丁学龙，王恩元，贾迎梅，等. 煤岩胀裂破坏过程微震特性试验[J]. 煤炭科学技术，2009，37（08）：32-35.

[82] 彭府华，李庶林，程建勇，等. 中尺度复杂岩体应力波传播特性的微震试验研究[J]. 岩土工程学报，2014，36（2）：312-319.

[83] 焦明若，唐春安，张国民，等. 细观非均匀性对岩石破裂过程和微震序列类型影响的数值试验研究[J]. 地球物理学报，2003，46（05）：659-666.

[84] 林盛，刘业新，李衍达. 基于时-频分解技术的全波列声波测井信号处理[J]. 清华大学学报（自然科学版），1997，37（3）：63-66.

[85] 郭然,潘长良. 有岩爆倾向硬岩矿床采矿理论与技术[M]. 北京:冶金工业出版社,2003.

[86] 窦林名，赵从国，杨思光，等. 煤矿开采冲击矿压灾害防治[M]. 徐州：中国矿业大学

出版社，2006.

[87] 陆菜平，窦林名，吴兴荣，等. 岩体微震监测的频谱分析与信号识别[J]. 岩土工程学报，2005，27（7）：772-775.

[88] 曹安业，窦林名，秦玉红，等. 高应力区微震监测信号特征分析[J]. 采矿与安全工程学报，2007，24（2）：146-149.

[89] Allen R V. Automatic phase pickers: their present use and future prospects[J]. Bull. Seismol. Soc. Am. 1982，72：225-242.

[90] Sleeman R，VEck T. Robust automatic P-phase picking: an on-line implementation in the analysis of broadband seismogram recordings[J]. Phys. of the Earth and Planet. Int. 1999，13：265-275.

[91] Jurkevics A. Polarization analysis of three-component data[J]. Bull. seismol. Soc. Am. 1988：1725-1743

[92] Kiyoshi Y. Detection of anomalous seismic phases by the wavelet transform[J]. Geophys. J. Int. 1994，116：119-130.

[93] Anant K，Dowla F. Wavelet transform methods for phase identification in three-component seismograms Bull[J]. Seism. Soc. Am，1997，87（6）：1598-1612.

[94] Oonincx P J. Automatic phase detection in seismic data using the discrete wavelet transform[R]. CWI-Report，PNA-R9811，1998.

[95] Oonincx P J. A wavelet method for detecting S-Waves in seismic data[J]. Computational Geoscience，1999，3：111-134

[96] 张杰. 凡口矿深部微震信号辨识方法研究[J]. 采矿技术，2009，9（4）：66-67.

[97] 曹华锋，林峰. 微震监测信号辨识方法研究[J]. 采矿技术，2011，11（2）：55-58.

[98] 周银兴. 微震事件检测及震相自动识别研究[D]. 北京：中国地震局地震预测研究所，2009.

[99] 刘希强，周蕙兰，郑治真，等. 基于小波包变换的弱震相识别方法[J]. 地震学报，1998，20（4）：38-45.

[100] 刘希强，周蕙兰，沈萍，等. 用于三分向记录震相识别的小波变换方法[J]. 地震学报，2000，22（2）：125-131.

[101] 沈萍，郑治真，刘希强，等. 小震的综合识别研究[J]. 地震学报，2002，24（2）：169-175.

[102] 王喜珍. 小波变换在地震数据压缩和震相到时拾取中的应用研究[D]. 北京：中国地震局地球物理研究所，2004.

[103] 周彦江，潘一山. 基于小波变换的矿震波的 P 波和 S 波的识别[J]. 煤矿开采，2007，12（6）：1-4.

[104] 董世华. 基于微震监测技术在深井矿山地震波形的识别[J]. 现代矿业，2009，25（7）：129-131.

[105] 赵文利. 在矿山微震定位中首波走时的计算[J]. 山西煤炭，2011，31（1）：73-747.

[106] 宋维琪, 冯超. 微地震有效事件自动识别与定位方法[J]. 石油地球物理探, 2013, 48 (2): 283-288.

[107] 董超, 王恩元, 晋明月, 等. 分形计盒维数的微震波初至自动识别[J]. 煤矿安全, 2013, 44 (6): 198-201.

[108] 刘敏, 王恩元, 刘贞堂, 等. 小波降噪在煤岩微震信号处理中的应用[J]. 矿业研究与开发, 2011, 21 (2): 67-70.

[109] 徐宏斌, 李庶林, 陈际经. 基于小波变换的大尺度岩体结构微震监测信号去噪方法研究[J]. 地震学报, 2012, 34 (1): 85-96.

[110] 董非非, 曾庆平, 罗桂生. 小波阈值降噪法在地震波信号处理中的应用[J]. 科技创新与应用, 2012, 15: 15-16.

[111] 刘玉春. 小波变换在矿震信号滤波租识别的应用研究[D]. 阜新: 辽宁工程技术大学, 2008.

[112] 许大为, 潘一山, 李国臻, 等. 基于小波变换的矿山微震信号滤波方法研究[J]. 矿业工程, 2007, 5 (2): 66-68.

[113] 谢周敏, 陈大庆. 复小波包域的微震信号分析提取方法[J]. 华南地震, 2009, 29 (3): 25-32.

[114] 孙兴林, 匡中文, 王晨辉, 等. 基于 Matlab 的矿震信号小波分析[J]. 煤矿安全, 2012, 43 (6): 168-171.

[115] 杨志国, 于润沧, 郭然. 深井矿山微震事件波形研究[J]. 中国工程科学, 2008, 10 (8): 69-72.

[116] 朱权洁, 姜福兴, 于正兴, 等. 爆破震动与岩石破裂微震信号能量分布特征研究[J]. 岩石力学与工程学报, 2012, 31 (4): 723-730.

[117] 王培茂. 地震信号的时频特征表示方法及应用[D]. 长春: 吉林大学, 2008.

[118] 王燕, 李晋尧, 刘晓清. 基于自适应小波基的声发射（AE）波源时频分析与定位[J]. 噪声与振动控制, 2008, 28 (1): 76-78.

[119] 胡明顺, 潘冬明, 徐红利, 等. 几种时频分析方法对比及在煤田地震勘探中的应用[J]. 物探与化探, 2009, 33 (6): 691-695.

[120] 袁瑞甫, 李化敏, 李怀珍. 煤柱型冲击地压微震信号分布特征及前兆信息判别[J]. 岩石力学与工程学报, 2012, 31 (1): 80-85.

[121] 傅淑芳, 刘宝诚, 李文艺. 地震学教程[M]. 北京: 地震出版社, 1980.

[122] 窦林名. 采矿地球物理学[M]. 北京: 中国科学文化出版社, 2002.

[123] 刘斌. 地震学原理与应用[M]. 合肥: 中国科学技术大学出版社, 2009.

[124] Mendechi A J. Seismic Monitoring in Mines[M]. London: Chapman & Hall, 1997.

[125] Brune J N. Tectonic stress and the spectra of seismic shear waves from earthquakes[J]. J. Geophys. Res. 1970, 75: 4997-5009.

[126] 王林瑛, 陈学忠, 陈佩燕, 等. 地震序列视应力变化特征和预测意义[A]. 地震海啸与地

震预报实验场学术研讨会摘要集[C]. 中国地震学会地震预报专业委员会，2005，1：34.

[127] 陆振裕，窦林名，刘宝田，等. 断层处的矿震机理及震动信号特征研究[J]. 煤矿安全，2012，11：51-53.

[128] 夏其发，汪雍熙，李敏. 论外成成因的水库诱发地震[J]. 水文地质工程地质，1988，1：19-24.

[129] 陈厚群，徐泽平，李敏. 关于高坝大库与水库地震的问题[J]. 水力发电学报，2009，28（5）：1-7.

[130] 薛军蓉，李峰，王育. 三峡水库蓄水初期 9 次微震震源机制解特征[J]. 大地测量与地球动力学，2004，24（2）：48-51.

[131] 陈德基，汪雍熙，曾新平. 三峡工程水库诱发地震问题研究[J]. 岩石力学与工程学报，2008，27（8）：1513-1524.

[132] 陈蜀俊，苏爱军，罗登贵. 长江三峡水库诱发地震的成因类型[J]. 大地测量与地球动力学，2004，24（2）：70-73.

[133] 王清云，高士钧. 隔河岩水库诱发地震的环境条件[J]. 地壳形变与地震，1998，18（3）：75-81.

[134] 王士天，魏伦武，李渝生. 龙羊峡水库地震诱发机制及危险性预测[J]. 水文地质工程地质，1987，7：23-26.

[135] 韩德润，王继存，张国庆. 向家坝水库诱发地震危险性初步分析[J]. 地壳构造与地壳应力文集，1994：58-69.

[136] 陈炳瑞，冯夏庭，曾雄辉，等. 深埋隧洞 TBM 掘进微震实时监测与特征分析[J]. 岩石力学与工程学报，2011，30（2）：275-283.

[137] 陈传仁，李国发. 勘探地震学教程[M]. 北京：石油工业出版社，2011.

[138] 孙成禹，李振春. 地震波动力学基础[M]. 北京：石油工业出版社，2011.

[139] 杜功焕，朱哲民，龚秀芬. 声学基础[M]. 南京：南京大学出版社，2001.

[140] 刘习军，贾启芬，张文德. 工程振动与测试技术[M]. 天津：天津大学出版社，1999.

[141] 牛滨华，孙春岩. 半空间介质与地震波传播[M]. 北京：石油工业出版社，2002.

[142] 李孟源，尚振东，蔡海潮，等. 声发射检测及信号处理[M]. 北京：科学出版社，2010.

[143] 刘艳. 声发射检测中传感器布置及声源定位的研究[D]. 青岛：中国海洋大学，2011.

[144] 张银平. 岩体声发射与微震监测定位技术及其应用[J]. 工程爆破，2002，8（1）：58-61.

[145] ICCL. 微震监测中的若干概念和术语—入门. http://bbs. itasca. cn/dispbbs. asp?boardid=8&Id=348.

[146] 张晔. 信号时频分析及其应用[M]. 哈尔滨：哈尔滨工业大学出版社，2006.

[147] 刘林，郝保国. 时频分析理论和应用[J]. 计算机自动测量与控制，2001，9（4）：44-45.

[148] 葛哲学，陈仲生. Matlab 时频分析技术及其应用[M]. 北京：人民邮电出版社，2006.

[149] 陈洁. 时频分析方法小结[J]. 中国水运，2009，9（12）：87-89.

[150] 赵克常. 地震概论[M]. 北京：北京大学出版社，2013.

[151] 梁宝霞. 矿震信号识别和定位及其在木城涧煤矿的应用[D]. 阜新：辽宁工程技术大学，2007.

[152] 陆菜平，窦林名，吴兴荣，等. 岩体微震监测的频谱分析与信号识别[J]. 岩土工程学报，2005，24（7）：772-775.

[153] 李建功. 应力波在弹塑性煤岩体中传播衰减规律研究[D]. 青岛：山东科技大学，2008.

[154] 毕贵权，李宁. 岩体中应力波传播与衰减规律研究现状与发展[A]//中国岩石力学与工程学会. 第八次全国岩石力学与工程学术大会论文集[C]. 中国岩石力学与工程学会，2004：6.

[155] 刘建兵. 利用弹性波频率进行地质勘探的思考[J]. 硅谷，2009，17：84.

[156] 俞缙，钱七虎，赵晓豹，等. 岩体结构面对应力波传播规律影响的研究进展综述[A]//中国力学学会爆炸力学专业委员会冲击动力学专业组. 第九届全国冲击动力学学术会议论文集（下册）[C]. 中国力学学会爆炸力学专业委员会冲击动力学专业组，2009：13.

[157] 中华人民共和国行业标准编写组. SL264-2001 水利水电工程岩石试验规程[S]. 北京：中国水利水电出版社，2001.

[158] 刘建锋，徐进，杨春和，等. 盐岩拉伸破坏力学特性的试验研究[J]. 岩土工程学报，2011，33（4）：580-586.

[159] 刘佑荣，唐辉明. 岩体力学[M]. 北京：化学工业出版社，2008.

[160] Mogi K. Study of elastic cracks caused by the fracture of heterogeneous materials and its relations to earthquake phenomena[J]. Bulletin of the Earthquake Research Institute，1962，40：125-173.

[161] Bieniawski Z T. Stability concept of brittle fracture propagation in rock[J]. Engineering Geology，1967，2（3）：149-162.

[162] Ohnaka M，Mogi K. Frequency characteristics of acoustic emission in rocks under uniaxial compression and its relation to the fracturing process to failure[J]. J. Geophys Res，1992，87：3874-3884.

[163] 漱户政宏他. 石炭の圧縮破壊過程の AE[J]. 採鉱と保安，1985，31（11），575-584.

[164] Scholz C H. The frequency-magnitude relation of micro fracturing in rock and its relation to eathquakes[J]. Bull. Seismol. Soc. Am，1968，58：399-415.

[165] K Mogi. Earthquake prediction program in Japan[J]. M. Erwing Series，1981：3.

[166] 方兴，张之立. 岩石裂纹扩展过程中声发射 b 值的模拟实验[J]. 中国地震，1987，3（3）：77-84.

[167] 焦文捷，马瑾，吴秀泉，等. 围压下岩石破坏声发射测试系统及震级频度关系的实验研究[J]. 地震地质，1991，13（1）：54-60.

[168] 曾正文，马瑾，刘力强，等. 岩石破裂扩展过程中的声发射 b 值动态特征及意义[J]. 地震地质，1995，17（1）：7-11.

[169] 李元辉，刘建坡，赵兴东，等. 岩石破裂过程中的声发射 b 值及分形特征研究[J]. 岩土力学，2009，30（9）：2559-2574.

[170] 吴贤振，刘祥鑫，梁正召，等. 不同岩石破裂全过程的声发射序列分形特征试验研究[J]. 岩土力学，2012，33（12）：3561-3569.

[171] Scholz C H. Experimental study of the fracturing process in brittle rock[J]. Geophys. Res., 1968, 74（4）: 1447-1454.

[172] Hirata T. Fractal structure of spatial distribution of microfracturing in rock[J]. Geophys. J. R. Astron. Soc., 1987, 90: 369-374.

[173] Xie H, Pariseau W G. Fractal character and mechanism of rock burst[J]. Int. J. Rock. Mech. Sci & Gemech Abstr, 1993, 30（4）: 343-350.

[174] 谢和平. 分形-岩石力学导论[M]. 北京: 科学出版社, 1996.

[175] 张德丰, 等, MATLAB 小波分析[M]. 北京: 机械工业出版社, 2012.

[176] 唐礼忠, 陈资南, 张君, 等. 矿山微震信号小波分析与研究[J]. 科技导报, 2013, 31（32）: 29-33.

[177] 张善文, 雷英杰, 冯有前. MATLAB 在时间序列分析中的应用[M]. 西安: 西安电子科技大学出版社, 2007.

[178] 朱高中. 基于小波频带特征能量提取方法的研究[J]. 中国农机化, 2012, 20（6）: 58-61.

[179] 邱宏茂, 范万春, 孙煜. 基于能量分布特征的地震事件自动识别[J]. 核电子学与探测技术, 2004, 24（6）: 698-701.

[180] 洪时中, 洪时明. 分数维及其在地震科学中的应用前景[J]. 四川地震, 1987, 10（1）: 39-46.

[181] 李海华, 张文孝, 张勇利, 等. 门源 6.4 级强震前地震活动时间的分维结构[J]. 西北地震学报, 1987, 09（4）: 15-20.

[182] 刁守中, 蒋海昆, 任庆维, 等. 宁夏灵武、吴忠地区 4 次地震序列的时间分维特征[J]. 西北地震学报, 1990, 11（2）: 42-48.

[183] 刁守中, 蒋海昆. 胜利油田角 07 井注水地震的分维特征[J]. 华北地震科学, 1990, 8（1）: 76-82.

[184] 李祚泳, 邓新民. 四川旱涝震的分形时间特征及其与统计时间特征比较[J]. 自然灾害学报, 1997, 6（2）: 67-71.

[185] 李玉, 黄梅, 廖国华, 等. 冲击地压发生前微震活动时空变化的分形特征[J]. 北京科技大学学报, 1995, 17（1）: 10-13.

[186] 唐礼忠, 李夕兵. 矿山地震活动多重分形特性与地震活动性预测[J]. 岩石力学与工程学报, 2010, 29（9）: 1818-1824.

[187] 朱权洁, 姜福兴, 尹永明, 等. 基于小波分形特征与模式识别的矿山微震波形识别研究[J]. 岩土工程学报, 2012, 34（11）: 2036-2042.

[188] 董超, 王恩元, 晋明月, 等. 分形计盒维数的微震波初至自动识别[J]. 煤矿安全, 2013, 44（6）: 198-201.

[189] 尹贤刚. 大尺度下微震与金属矿岩体破坏的相关机理研究[D]. 成都: 四川大学, 2012.